中公文庫

海軍基本戦術

秋山真之
戸高一成編

中央公論新社

目次

海軍基本戦術　第二篇　145

海軍基本戦術

凡例

一、原文の片仮名を平仮名に改め、漢字は新字体とした。

一、仮名遣は原文のままとし、濁音の仮名を使用し、句読点を適宜補った。

一、原文の用字を尊重したが、明らかな誤りは訂し、脱字は〔　〕に入れて補った。

一、「塲」「恊」などの異体字はそれぞれ「場」「協」に、「ヿ」「𬻿」「𪜈」「𬼀」はそれぞれ「事」「とき」「ども」「して」に改めた。

一、掲載の図は、原本のまま転載した。

海軍基本戦術　第一篇

緒　言

茲に戦術の講究を開始するに先ち、抑々戦術とは如何なるもので、又如何にして之を講習するやを明かになし置く必要があると認めます。読んで字の如くなれば戦術は戦ふの術なれども、我海陸軍にて慣用せる戦術なる兵語は欧語の Tactics より来り、其根源は Tact 即ち術数なる語に発せるものであります。然しながら現時の「タクチックス」即ち戦術の定義は本校の兵語界説に記載しあるが如く、兵術〔Art of War〕の一科でありまして、主として戦闘に於て軍隊を指揮運用して敵と戦ふの技術、即ち簡単に言へば戦闘術を意味するのであります。然るに此の戦闘なるもの丶範囲に限界のあらざるもので、数隻の軍艦が一小地域に於て小時間戦ふのも戦闘にして、又数千の大艦速艇が数百方浬の大海面に於て数日に亘りて戦ふのも同じく戦闘でありまして、従て之を行ふ技術即ち戦術にも大小範囲の差異あるは当然でありますから、単に戦術と謂ふも兵力の多寡、戦地の広狭、戦時の長短に準じて種々の種別あるべき次第であります。加之又戦闘に用ゆる兵器に依り種別すれば或は砲戦術となり或は水雷戦術又は衝角戦術となるべく、将又艦種より種別すれば艦隊対艦隊戦術、艦隊対駆逐隊戦術等となり、或は戦地にて種別すれば海洋戦戦術、海岸戦戦術若くは対要塞戦術もあるべきものにて、斯く種別し来れば戦術の種別と範囲は千種万態に分類せねばならぬ事となります。実に此戦術は人間の技術中最も大なるものでありまして殆んど万有の元素を此裡に包含せりと謂ふべきもので、人智の進歩するに伴ひ幾何の種類になるか、又何処迄大くなるか殆んど見定めの附かないものであります。然れども方今世界の諸軍国の有する海軍兵力には年々歳々増大するの趨勢を有する内にも、自ら或る数量の限度がありまして、二百隻以上の軍艦が一戦場に戦ふことは将来は知らず、先づ今日は皆無と認むることが出来ます。又兵器進歩の程度も大体に於て我々が今日知るが如きもので、近き将来に於て急に三十節の戦闘艦が現出するとか、有効距離八千米突の魚形水雷が実用せらるゝが如きことはありません。尚ほ又戦場も地球の表面中の一部分で左程広大ならざるのみならず、未だ平面上にて戦ふものなれば、吾人が現在及近き将来の海戦に対する準備として茲に講究せんとする戦術も矢張り前述したる或る定限の兵力を以て平面の戦場に於てする戦術にて事足りる次第で、徒らに理想に馳せて我々の一生に用ひる可らざるが如き突飛の大戦術を研究する必要もありませんん。左はあれ事物の発達に伴ひて戦術も亦進歩しつゝあることは吾人の銘記せねばならぬ処で、兵力兵器の増大進歩と共に之を活用して戦闘する方法即ち戦術の改良は一日も忽にすることは出来ません。殊に海軍兵器の進歩は陸軍に比すれば非常の速度を以て年を逐ふて進歩しますから、決して今日研究し置きたる戦術が何時迄も其用をなすものと安心して居ることはなりません。今一例を引かんに吾人が茲に海上の平面に於ける戦術を研究しつゝある間に、現時已に頭角を現はし来りたる軍用軽気球又は潜水艇等が尚ほ益々発達して巡洋艦が空中を飛行し戦闘艦が水中を潜航するに至つたと想定して見ますれば、最早此時の戦場は平面的にあらずして立体的であります、今日は前後左右を警戒すれば事足れども、其時節には更に上下をも警戒せざる可らざる事となりまして、大砲は九十度の仰角と九十度の俯角を附けて上若くは下より来る敵艦を射撃せねばならぬこともありましよう。其時に当り吾人が今研究せる所謂平面戦術が何の用をなしましようか、独り戦術のみならず現時全盛の海軍は無用の古物となつて空軍万能の時節ともなりましよう、之れ実に極端なる例証ではありますが事物の進歩は凡て此に至らんとするの趨勢を有して居りまして、年月と共に此方面に進みつゝあるのであります、去れば我々は理想に馳せて一生の役にも立たぬ戦術を講究するの必要なきを知ると同時に世運の進歩に伴ひ間断なく戦術の改良研究に努めざる可らざることを銘心せねばなりません。然らば如何にして此戦術を講究するかと言へば

即ち本校の教則に掲げあるが如き温古知新の教法に依るの外他に講究の方法は無いのであります、左に之を列記すれば、

一、古今の名将兵家の著書言行等を資として兵術の原則を討究し、之を近時の海戦に応用する方法を説明し、以て兵術に関する智識を啓発し思想を練磨す。

二、古今の戦史を研究し、主として各種戦例に於ける成敗利鈍の分るゝ原因と結果幷に此因果の関係経路等を討査し、以て兵理の存する処を明かにすると同時に将来の実戦に於て則るべき要点を摘示す。

三、兵棋及図上演習幷に対策作業等に依り近世兵術の計画実施に関する利害得失を研究し、且つ之れに拠り戦陣に処する観察力、判断力、機智、決断等を陶冶す。

四、兵術の計画実施に欠く可らざる戦務を講究し、執務上の技能素識を得せしむ。

五、実地演習を見学し幷に各戦略地点軍港要塞等を視察し、以て坐上講究の足らざる処を補ひ且つ用兵作戦に関する一般の見識を増進せしむ。

然れども如上の諸法は唯是れ坐上の講習に過ぎざるもので、此講習を了りたりとて直に戦場に於ける実地の達人となれる次第ではありません。戦術は諸他の技術と等しく実地の活術にして紙上の死学ではありませんから、如何程学理に長じたりとて技術の妙用は出来得るものでは無く、例ば絵画術に於けるが如く真に迫れる名画を画き出

すことは筆の使ひ方の調子で口や筆にて教へられるものでないのと同様であります。其調子は数掛けて数多(あまた)の写生をするとか又は古画に手本を取て習ふとかせねば上達するものではありません。夫故(それゆゑ)に戦術の研究も矢張戦場の場数を蹈(ふん)で実地に講習する必要がありますけれども、実戦は已に国家の存亡を賭せる一大事なれば講習として濫(みだり)に屢々(しばしば)すべきものではありませんから、不充分ながら可成的実戦に近邇せる実地演習若くは兵棋演習にて之を補ひ、尚ほ又古今の戦例を研究して手本を古画に取る方法に依る次第であります。又本日より開始する講義の如きは恰(あたか)も絵画に於て絵具の配合法とか、筆の持方とかを教ゆる位の程度のもので、固(もと)より之を以て戦術の真髄を得たるものではありません。殊に基本戦術(エレメンタリー・タクチツクス)は所謂基本的の講究にして単に有形的要素に基きて有形的方術を研究するに止(とどま)り、無形的心術の範囲には入りません。此心術に関することは又応用戦術(アツプライド・タクチツクス)の科にて講究致します。然しながら基本の素識を固める事は凡百の学術に於て最も必要でありますから、此基礎を固くすることには充分に注意あらんことを望みます。

　終に臨み古今の名将達士が兵術の講究に関し後学に教訓したる処を列記しまして本職の足らざる処を補ふて置きます。

＊

○奈破翁曰く兵術は決して戻背す可らざる原理に基けるものなり、而して凡百の兵戦は兵術に拠りて実施し得るものなるが故に能く其理を精思熟慮するにあらざれば絶て成効すること無し、古来名将の偉功を立てたる所以を観察するに唯だ兵術に於ける自然の兵理を遵守するに過ぎず、仮令非常の胆略を用ひて功を奏する者ありと雖も皆茲に基かざるはなし、故に兵術の要を得んと欲せば須く古今の戦史に於ける名将の為したる処を精密に研究して之れに模倣するを力むべし、是れ兵術の奥義を究むる無二の良法なり。

○マルモン曰く用兵の大理は冗多なるものにあらずと雖も、其実施に当りては之を変化すべき百事輻輳し、悉く之を先見して予め其処分を立つること頗る難し。

又曰く能く其目的とする所を考へ而して之を達せんとする手段を求むるときは遂に兵理の存する所を発見すべし、兵術なるものは一つに其兵理の利用に過ぎざるなり。

○ルヴアール曰く兵学は丈夫の心胆を練磨する格物致知の学なり、而して其効を得るは投機と神速とにあり、戦場多端の難事を立どころに決せんには其当に為すべきものと為す可らざるものとを判別して理非に惑はざるに在り、若し躊躇するときは機は忽ち去らん、故に予め之を審にし自信の識見を具有して戦場に臨まざるべからず、此の如き識見を具有するの士は真に国家の至宝にして、恰も完全なる武庫と謂ふべく、能く機に応じて無限の甲兵を製出す、夫の学識を備へざる将校は事に当りて徒らに他の指導を待たん、而して指示果して至るや否や是れ期す可らざるなり。

○ビユジヨウ曰く予め兵理を講究せずして危急の際之れを応用することを得べきや、事々物々必ず其拠るべき所有りて其為すべき決断を要す、豈に之を妄断に附すべけんや。

夫れ兵戦の事たるや予め察知すべからざるもの固より已に多し、況んや推考して知り得べきもの焉ぞ之を等閑に附すべけんや。

又曰く講習実験偏廃す可からず真に卓越の将校と言ふべきものは必ず此二者を兼備す、凡て兵戦は機変に応ずべきものなれば兵術に於て確乎たる原則を定め難し、故に苟も指揮官たるものは能く兵戦の原理を服膺し、事の不意に出るに応じ之を転じて我利と為すことに着眼すべし。

○プルーメ曰く予は諸子に勧告す、能く多端複雑なる兵戦の諸現象を判別し此等の現象の各個に就きて単純自然の原理を探求し、苟も形式に拘泥せず博識を仮装せず、以て其原由に対する結果如何就中此両者の関係を討究されんことを、此趣旨を以て兵戦を講習する者独り能く理会明晰、判断確実にして其自信を堅固ならしめ、有事に当り敵前に其部下を統率し身辺を囲繞する外部の衝力と内部の繁劇とに畏縮せず、単一にして理勢に合し且つ秩序整然として兵戦を主宰するを得べし、蓋し軍神は唯だ深慮卓見にして気力を具へ且つ好んで事に従ふ者に勝利の栄冠を授くべし。

○呉子曰く凡そ人の将を論ずる常に其勇を観る、勇の将に於ける数分のみ、夫れ勇は必ず軽く合す、軽く合して利を知らざれば未だ可ならざるなり、故に将の慎むべき所五あり、一に曰く理、二に曰く備、三に曰く果、四に曰く戒、五に曰く約。

○ハムレー曰く兵術を講究せんとする者は須く事実を理会する為めに原理の識見を要し、又原理を探明せんが為に事実の識見を要す、而して此等の識見を得るの方法は唯だ深く戦史を攻究して自ら兵理を構成し得る迄熱心に之を継続するにあり。

○マハン曰く戦史を講究せる将校は戦術の変更は兵器変更の後に起りしのみならず、其間（戦術の変更と兵器変更との間）過当に長かりしことを観察し得べし、蓋し此の原因兵器の改良は一二個人の力に依り之を遂ぐるを得るも、戦術の変更に至りては守旧的多数将校の慣性を打破するを要するを以て一朝一夕に成就する能はざるにあり、是れ実に痛嘆すべき大弊害なり、此の弊を除かんには唯だ公明の心事を以て古来戦術の各変更を観察し、現時の新艦船及新武器の勢力の極度如何を考察し各其素質に準じて之を利用するの方法を講究するに在り、乃(すなは)ち以て能く新戦術を構成し得べきなり、軍人が此方法を講究するは決して徒労にあらざるのみならず、常に此方法を講究したるものは必ず戦場に臨んで勝利を博すること古来歴史の明示する所なり。

○奈破翁曰く、若し無識に依り二人を死せしめて足るべきことに十人を失ひたらんには其八人の生命に対しては無識の責任免る可らず。

　ネビーヤ将軍も曰く、無識なる将校は殺人犯なり、幾多の勇士は無識将校が知りたる風を装ふに欺かれ之に信頼して死を顧みず忠勇なる鮮血は無益に流さる、噫(ああ)無識将校は何を以て此の無用の流血に応へんとするか、余は多年専心兵事の研究に熱中す、然れども尚ほ己の足らざるに戦慄するなり。

　ハルト将軍も亦曰く、凡そ軍人たる者は間断なく切瑳琢磨し以て智識を得ることに勉めざるべからず、然らざれば其無識は勇侠なる部下を犬死せしむることあるべし。古来幾多の戦闘が単に将師の無識の故を以て敗衄(はいじく)に帰したること枚挙すべからず、而て其智識は既往の実験に依りて得べかりしものなりき、彼のナイルの戦に於てネルソンとブルーエーは共にセントキッツに於けるフード将軍の二戦闘の研究に依り利益を得べかりしに、独りネルソンは之に鑑みブルーエーは之を学ばず、之れが為に後者はフードと同一の境遇の下に在て大敗したり。

明治三十六年四月

第一章　戦闘力の要素

第一節　総　説

○凡そ戦闘に於て兵軍が其敵と交戦し得るものは戦闘力を保有するを以てなり、戦術は即ち此力を適当に運用して敵と戦ふの技術なるが故に戦闘力は戦術の因て成立する力素たるものなり。而して戦闘力は又諸種の要素より組成さるゝものにして、今海軍の戦闘力を其要素に分析すれば大要左表の如し。

海軍戦闘力
- (一)攻撃力
  - 機力―(砲熕、水雷、衝角)
  - 術力―(砲術、水雷術、衝突術)
- (二)防禦力
  - 機力―(装甲、防水区劃、防火防水機関、探海灯、防禦網)
  - 術力―(戦闘準備、防火防水部署其他防禦機関の用法)

(三)運動力
- 機力―(推進機関、操舵機関)
- 術力―(運用術、機関術)

(四)通信力
- 機力―(信号機、無線電信機、艦内通信機)
- 術力―(信号術、電信術、其他通信技術)

戦闘力は実に前表の如き雑多なる要素より成れり、尚其各個に就き精細に分析すれば更に複雑となるべし。此等要素の優劣強弱を精密に比較判別するは蓋し至難の事にして、機力要素は略ぼ其力量を測度するを得べしと雖も術力要素に至りては元と是れ無形の人能にして自軍のものと雖も容易に判定すること難し、況んや敵軍のものに於てをや。然りと雖も此等戦闘力の優劣が戦術の力素を成して戦闘の勝敗を支配するものなれば若し此要素劣弱なるときは如何なる巧妙の戦術も施すに途無し、故に各軍国に於ける平時大小の軍事経営及軍事教育は主として此要素を優大ならしむるを目的と為せり。而て吾等兵術を研究する者は此戦闘力を増大すると同時に其各要素の力量を精密に測定するに勉めざる可らず、何となれば此力量を知らずして戦術計画を策定すること能はざればなり。

此等各要素の力量を比較するには先づ攻撃力を第一位に置き以下防禦力、運動力、通信力の順序に従ふを正当とす。今単に戦術上より其重要の程度を比較すれば攻撃力五、防禦力二、運動力二、通信力一の比例に準ずるものと見て可なり。又各要素に就きて其力量を算定せんには機力の比例に術力の比例を相乗せざる可らず、例ば砲十二門を有し其砲術百発四中の練度を有する艦は12×4＝48を以て砲の攻撃力量とするが如し。而て若し対抗艦艇の戦闘力を比較算定せんとせば各種機関及其技術の力量に就きて一定の係数と単位を設け綿密なる計算を重ねざる可からず。

以下更に各要素に就き節を分ちて之を詳説し、且つ現時に於ける其発達程度如何を討究せんとす。

第二節　攻撃力

○夫れ戦闘の本旨は攻撃にあり、攻撃無くして戦闘の成立する能はざるを知れば戦闘力素として攻撃力の主要たること言ふを俟(ま)たざるなり。若し茲に攻撃力絶大なる一艦ありとせんが、其艦は防禦力、運動力、通信力を保有せずして単独洋中に孤立静止するも之れに対し其戦闘距離以内に近接する敵は悉(ことごと)く撃滅さるべし。是れ極端の引例に過ぎざれども又以て攻撃力が戦闘力の主力たるを証明するに足るなり、故に各軍国の造艦一として之れに重きを措かざるは無し。
○現時の海軍に於て攻撃力の有形的機力は砲熕、水雷及衝角の三武器にして其力量強弱の比較は今日も尚ほ前記の順序を保ち、依然砲熕は有形的攻撃力の首位たるを失はず。其理由は蓋し左に列記する長所あるを以てなり。

一、其装備比較的容易にして最多数を装載し得ること。
二、其加害距離比較的最大なること。
三、其抵抗物に対する穿入力比較的最大なること。
四、其照準発射比較的確実迅速にして加害力の公算最大なること。
五、其構造比較的簡単にして損傷最少なること。

魚形水雷は唯だ其破壊力比較的最大なると其飛行線の較や平底なるとの利点を有するの外前記砲熕の長所に及ばず、故に今尚ほ第二位に立たざるを得ざるなり。然れども近時直進器の創造に依り較や其照準発射の困難を軽減し、且つ気圧の増加に依り其加害距離を伸長しつゝあるが故に漸時に其効力を増進せんとするの傾向あり。加之多数の軽艇に之を装備し一団を成して迅速に敵に近づき接戦するときは其加害公算を大にし、特に夜戦に於ては砲熕に代りて其威力を逞ふす、又白昼と雖も其数多きときは之を利用するの機会少なからざるなり。

衝角に至りては元と是れ艦体に附着せる副装武器にして、其加害距離皆無なるが故に砲熕水雷の威力益々増進せる今日に於て、其加害半径を通過して衝角の効用を現はし得るは殆んど不可能に属す、而かも一たび方向を過つときは却て敵に衝突せらる、の虞(おそれ)あり。故に衝角は已(すで)に無用の長物と化し去り唯だ無きに優ると、浮泛(ふはん)力保持の関係より尚之を艦首に附着せるものあるに過ぎず。

前記有形的攻撃力の力量を増進せしむるは主として造兵家の責任に属すと雖も、用兵の任務を有する将校も亦之を要求督促するの義務あるものとす、而て砲熕及魚雷に期望すべき刻下の要件左の如し。

（砲　熕）

一、砲身及装薬の改良に依り尚ほ弾道を平低にし、加害距離を増大すると共に均一初速を得せしむること。

一、弾丸及信管を改良し早発の虞無からしめ、且つ穿入力を高むること。

（魚　雷）

一、加熱装置を気室に附着して気圧を高かめ、加害距離及飛行速度を増加すること。

一、直進機を簡単強固にして戦用に適せしむること。

一、照準機を改良して照準発射を確実迅速にし且つ長距離発射に適せしむること。

之を要するに砲熕及水雷は尚ほ其機能を増大するの余地少からざるが故に益々之れが改善を企図し、以て戦闘力要素の主要部を占有せる攻撃力量を増加せざる可らざるなり。

○攻撃力の無形的術力は有形的機力を活用して其潜力を現力に変化し或る成功（Work done）を為さしむるものにして（機力）×（術力）＝（攻撃力）たることは已に前記せるが如し。故に若し術力を零とすれば幾何の機力を之に乗ずるも攻撃力は依然零なり、之に反し機力少きも術力大なるときは其攻撃力量の大なること10（機力）×3（術力）＝30（攻撃力）は5（機力）×8（術力）＝40（攻撃力）より小なるを見て知るに足るなり。実に砲と云ひ水雷と云ひ皆死物にして之を活用する術力ありて其効力を発揮するものなるも、有形は人目に感じ易く無形は視て見へざるが故に、此理を知りつゝ尚ほ有形的機力のみに眩惑し、無形的術力の練磨を忽（ゆるがせ）にするの傾向あるは古今の通弊にして実戦に臨み一敗地に塗れたる後初めて之を悔悟するもの多し。

之れと同時に尚ほ一言すべきことあり、他無し、人の術力を論ずるもの罪を機力の欠点のみに帰せんとすること是れなり。夫れ吾人の業務には造兵と用兵の分業ありて前者は機力を掌理し後者は術力を担任すと雖も、造兵家の供給せる兵器は本来決して完善無欠のものにあらずして造兵術上免る可らざる幾多の欠点を有せり。用兵家は此等欠点の改善を要求するの義務ありと雖も已に受領現有せる兵器に対しては其欠点あるを知りて之を最大有効に活用するの道を講究せざる可らず。本来術力の必要あるは兵器が完善ならざるが為めなり、若し夫れ造兵家の丹精に依り兵器の構造愈々精巧となり、例ば単に一小電鑰を圧下して全砲を適当に照準発射し得るに至りたりとすれば用兵家は終に殆んど術力を要せざるに至らん。現に今日の砲熕が砲機の改良に依り昔日の如く照準索、側索、牽索等を操るの術力を要せざるに至りたるを見ても、造兵家の工夫意匠が漸次に機力の欠点を改良して用兵家の実力を軽減しつゝあるを知るに足るなり。故に曰く、術力は機力の欠点に伴ふて必要あるものなり、此必要の因て来る原由を知らずして漫に機力の欠点を訴ふるが如きは決して用兵家の本分にあらざるなり。

現時に於ける攻撃力の無形的術力は其有形的機力に基き砲術、水雷術を以て最要とす、本篇戦術を講究するに当り此等専科技術に就きて詳論するの要無しと雖も聊か左に其梗概を説き戦闘力要素の増大に資せんとす。

（砲　術）

戦術上より要求せる砲術は唯一の射撃にして射撃の目的は可成的短時間に可成的多数の弾丸を目標に命中せしむるにあり、此目標に適応せしめんには砲術を左の三分業に区別するを可とす。

一、砲機の整備　二、射撃の指揮　三、照準発射

第一、砲機の整備は砲本来の機能に欠損、誤差なからしむるにありて、特に照準機具を正当に調整すること最も必要なり。此根本の欠点を矯正せずして射撃を行ふは尚ほ矢を曲て的を射るが如し。

第二、射撃の指揮は射撃目標の距離を迅速確実に測定し射撃諸元の修正を加減し正当の射距離及苗頭を迅速確実に指示するにあり。此指揮宜しきを得ずして発砲せしむるは尚ほ眼を閉て矢を放つが如し。

第三、照準発射は迅速に装弾したる後指示されたる射距離及苗頭を以て迅速確実に照準発射を行ふにあり、此分業は射撃術と謂はんよりは寧ろ操砲術と謂ふを適当とす。何となれば装弾より発射に至る迄単に指示されたる射距離苗頭に基き砲を操り照準線と目標とを一致せしめ引金を曳く迄の機械的作業なればなり。

前記三分業の内第一、第二は将校の責務にして第三は下士卒の担任に属し、此三分業並備し始めて射撃の成績を挙ぐることを得。若し之を混同するときは射撃の訓練に当り命中成績不良なるも其責任の帰する処無く、又其原因をも発見する能はず。従て爾後発射の修正資料無く、唯射手のみを責めて高価の弾丸を無意味に海中に投

棄し、以て射撃の能事了れりとなすに至らん。而て此三分業中直接に最も必要にして最も練磨を要するものは射撃の指揮なり、下士卒の担任せる照準発射の訓練の如きは照準機具の精巧となりたる今日比較的其多きを要せず。

射撃指揮の難事たる所以(ゆゑん)は他無し、射撃諸元の基礎真に薄弱にして終始動揺すればなり、試に射撃諸元の由て来る根源を探究せば思半ばに過ぎるものあらん。吾人に供給されたる砲其物には本来已に固有の偏癖あり、次て数回の射撃を重ぬるときは其の発射度数に準じ初速に変差を生ずるのみならず、一回の射撃中にも初弾の発射と爾後数弾の発射とには砲腔熱度の高低に依り更に初速の差あり、又装薬其物も本来同質同密度のものなく受領後も外気に感じて多少其圧力を変し従て又初速を変化す、加之風力、気圧の如き外部より不定の力を以て弾道に影響するものあり。此等諸因を綜合すれば吾人は未だ砲其物に信用を置くこと難く、彼の射表の如き唯だ一砲数回の発射試験に依りて成れるもの等に信頼する能はざるなり。尚ほ此上に射撃の指揮を困難ならしむるものは目標たる敵艦の距離、速力、針路の測定是れなり、砲熕の加害距離延長して戦闘距離の益々増大するに従ひ愈々此困難を大にす。現時の距離測定機は二千米突(メートル)以上に及べば已に漸加の誤差あるのみならず視差亦之れに伴ふ。吾人の現有せる八吋(インチ)砲を以てするも四千米突の射距離に於て若し前後百米突の誤測あるときは最早其弾丸は標高二十呎(フイート)の目標にも命中せざるなり。而かも射距離は艦船速力の増進に伴ひ転瞬の間に数十米突を伸縮す、射距離の号令は果して発射の時機に適応する如く下し得べきか。吾人は到底此の如き砲機を以て射弾の命中を期する能はず、惑はざらんと欲するも得可からざるなり。是れ蓋し信頼し難き基礎に信頼して強て射法を構成せんとするの罪果にして、之を矯正せんには即ち砲其物の常に信用し難きこと、及射距離苗頭の変化急劇なることを基礎として其射法を研究練磨するを要す、而て其方法は先づ砲機を整備し砲固有の誤差を最小に減少し、且つ為し得る限り一指揮の下にある各砲の誤差を均一ならしめ、然る後弾着観測に依り毎発射距離苗頭を修正しつゝ射撃を続行するの外他に手段あらざるなり。故に弾着観測は射撃指揮の最要業務たるものなり。

（水雷術）

水雷術に対する戦術上の要求も砲術に異る処無し、魚雷は水中を飛行する弾丸にして発射管は之を発放するの砲熕なり、理に於て已に同等の武器たるを失はず。然るに魚雷の命中公算比較的に僅少なるものは蓋し左の諸項に起因するならん。

一、其構造薄弱にして取扱上の不注意等より其機能を失し易く未だ充分実用武器に適せざること。

二、其飛行速力艦船の速力と大差なきを以て発射後之れを避け得るの余地あること。
三、其加害距離比較的短少なるを以て発射位地に達する前敵の防禦砲火に妨害さるゝこと。
四、其照準機の構造比較的粗簡にして此精巧なる武器の使用に適せざること。
五、敵艦の距離針路及速力の測定困難なること。
六、敵艦に対し発射位地を占むるに時間を要し且つ之れを占むるも敵の運動に依り直に之を失ふこと。
七、駆逐艦水雷艇の如き動揺せる艦上より正当に照準発射するの困難なること。
前記諸因の中第四項以上は機力の欠点に属し、第五項以下は術力の困難に属す、特に敵艦速力及針路の測定の如きは白昼と雖も尚ほ至難なり、況んや暗夜に於てをや。然れども此等の欠点困難あるを知りて之れを最大有効に活用するが用兵の職にある者の本分にして、已に其武器を受領したる後機力の欠点等を恨むは愚痴なり。魚雷命中公算の少き病源前記の如しとすれば、之を用ふるに当り須く此等病源の各箇に就き治療を施しつゝ之を使用すべし、西哲曰く爾の刀短かければ一歩進んで之を長くすべしと、魚雷の加害距離短少にして飛行速力遅緩なれば艦艇其物の優大なる速力を利して敵に接近し優速なる乙種水雷を発射するを可とす。是れ最良最簡の治療法にして攻撃時間を短縮して間接に敵の防禦砲火を減殺し、且つ敵の針路、速力等の誤測より生ずる不命中の原因を排除し、我が照準機の不具をも補正し得るにあらずや。若し夫れ甲種水雷に至りては到底夜戦の武器にあらず、唯だ昼間の艦隊戦闘に於て敵の隊列中に発射し、其全長の約四分の一を占めたる敵艦底の何れにか命中するの公算を僥倖し得るに過ぎず、単艦に対し甲種水雷を発射するが如きは抑も武器の性能を知れる者の為すべきことにあらず。

斯かる間に魚雷の機能は漸次に発達しつゝありて、速力三十五節有効距離四千米突の魚雷の出現すべきは遠き将来にあらず、水雷の前途は頗る多端多望にして終に砲熕と拮抗するに至るは近きにあらん、斯術の練磨決して忽にす可らざるなり。而て其練磨は単に水雷発射を以て足れりとせず、必ず各種の速力を以て種々の方向に運動する動的に対し（為し得れば夜中に於て）先づ発射位置を占め、次で発射を行ふことに習熟せざる可らず。今日の所謂水雷発射の如きは水雷術と称するよりは寧ろ水雷命中試験と謂ふを適当なりとす。

以上砲術及水雷術に就き聊か所見を述べたり、其詳細に至りては之を専科の講究に譲らん。惟ふに機力は年々歳々進歩して底止する処無きも、術力の発達之れに伴はざるときは其効用を全くすること難し。技術の練磨に努めずして唯だ兵器の新奇を望むを戒むると同時に、已に新兵器を採用したるときは直に其用法をも研究改良せざる可らず。弓術と銃術、銃術と砲術には其用法に大差あるが如く砲其物の内にも亦其新古に準ひ用法に進化なからざる可らず。然るに人類の慣性は容易に変移し難きものにて、弓術を以て小銃を操らんとするが如き実例は今日も尚ほ現存せざるにあらず、若し之を忽にするときは新武器の鈍用は却て旧武器の鋭用に如かざるの奇観を呈することあるべし。

第三節　防禦力

○敵の攻撃力に抵抗して能く我が各他の戦闘力を防護し其効用を保続せしむるものは防禦力なり。攻撃は実撃点と其時機とを撰定して自働し得るの利を有すれども防禦は常に他働を待受けざる可らず。艦船に於ける攻防二力の対抗も亦此原理に洩るゝことなく、敵の砲弾、魚雷等は任意に我各部面を打撃するも我は予め全面を装甲するにあらざれば之れを防遏（ぼうあつ）すること能はず。然るに備へざる所無れば寡（すくな）からざる所無きが如く、全面を装甲せんとせば重量の増加に制限せられ之を薄弱ならしめざる可からざるは数の免れざる処なり。故に砲に対しては水際若くは重要部のみに装甲し、水雷に対しては防水区劃及防禦網を用ふと雖も、尚ほ艦体の防禦は不充分にして、航行艦船の底部の如きは殆んど全く敵の水雷攻撃に暴露せり、是に於て此の如き流用す可らざる固定防禦力に頼らんよりは寧ろ如何なる場合にも応用し得る処の間接的防禦力即ち攻撃力を増大するに傾き、今日の艦船は水雷艇防禦用として多数の小口径砲を装載せり。然り積極の攻撃は最良の防禦なり、攻撃力も之を防禦に転用すれば取りも直さず防禦力たるが故に、寧ろ防禦力を皆無にし極端迄攻撃力を倍加して之を攻防二様に応用するの優れるが如し。然れども敵の一弾をも被らざる間に此敵を撃滅することは殆んど不可能なるを以て防禦力も亦或る程度迄其必要なきにあらず、故に致命部主要部等に於ける適度なる防禦の欠く可らざるは勿論、攻撃力、運動力等を減殺せざる限り之を拡張するを可とす。唯だ戒むべきは防禦力を増加するため所定の攻撃力を犠牲にせざることにて、是れ攻撃は戦闘の本旨にして防禦の為に戦ふにあらざるを以てなり。

○現時の海軍艦船に於ける防禦力の有形的機力要素は　一、装甲　二、防水区劃　三、防禦網及探海灯　四、防火、防水機関等なり。

（装　甲）

装甲鈑は過去十年の間に著しく進歩し、我が富士、八島の海上に浮びたる頃初めて世に現れたる「ハーベー」鋼は幾もなく「レフオージド、ハーベー」尋で「ニッケル、ハーベー」等に変化し、更に「クルップ」式製法の発明と共に「クルップ、ハーベー」鋼となり格段に其硬度を増せり。爾後此法各国に普及せられ製法に於て多少の進化を遂げたるも硬度には著しき増加を見ず、最近又米国に於てデビス氏「エレクトリック、ハーベー」鋼の発明ありて、其硬度は「クルップ、ハーベー」に対し四と三の比例なりとの報は一時鋼界を驚かしたるも、其工費の不廉と実績の不良のため未だ前者を駆逐する迄に至らざるが如し。然れども防禦力に分配する重量を可成的節減して之を攻撃力に増加するは戦術上の要求として造兵造船家の終始企図する処なれば、早晩又新甲鈑の現出するは必然の理勢なりとす、吾人は常に後世の恐るべきを知て事物の進歩に着眼せざる可らず。

（防水区劃）

造船術の発達は防水区劃の構造を益々厳密ならしめ、近時の艦船は一部破孔よりの浸水に対し能く其浮泛力を維持するを得と雖も、多大の破損に対しては全く之を亡失するのみならず仮令浮泛するも戦闘力就中運動力を保続すること頗る難し。故に水線は装甲にて砲弾の穿入を防ぎ防水区劃と相須て浸水に備ふるも、艦底に至りては半移動的にして航行中使用し難き防禦網あるの外殆んど全部水雷の撞破に暴露し、到底内部防水区劃のみを以て其浸水を防遏すること能はず、是れ現時の戦闘機関に於ける防禦力上の最大欠点なり。此に於て近来艦底内部の構造に意匠を用ふるに至り、或は縦区劃を減じて横区劃を増し、或は複底を鞏固にして其間隔を遠ざけ、或は内部若くは底部に装甲を施し、或は弾薬庫と底鈑の距離を大にする等、主として艦底の固定防禦力を増大するに傾きつゝあり。而て此傾向は水雷の攻撃力が漸加するに従ひ次第に其度を高むべきこと必然なりとす。

（防禦網及探海灯）

此二者は主として水雷防禦の機具なり。防禦網は漸次に其密度を増し断網器（ネットカッター）も之を破ること難しと雖も、奈何（いかん）せん其効用碇泊中のみに制限せらるゝを以て之を主用の防禦力に算する能はず、且つ其密度及面積漸次に増大するときは遂に使用に堪へずして之を廃棄し其重量に相当すべき他種の防禦機関若くは攻撃具を代用するに至らんか、然れども其効用未だ棄つ可らざるものあるは最近実戦の証明する処なり。探海灯に至りては夜戦の攻撃力を発揮せしむるの要具にして、其光力の増加するに従ひ夜戦をして昼戦に近邇せしむるのみならず、其照射を以て敵眼を眩惑し益々水雷艇の奇襲を困難ならしむ。故に其光力と灯数を増加すべきは是亦水雷の発達に伴ふ自然の必要なり。

（防火防水機関）

敵の攻撃より生ずる火災及浸水に対し消火排水の効用をなすものは防火防水機関にして、是亦有形的防禦力の一部なり。故に艦積の許す限り其多数を装備せざる可らず、而て其の最有力なるものは喞筒及之れに附随せる装管（パイプアレンジメント）なり。喞筒の原動力は固より機力に須たざるべからず、比較的弱少なる人力の如きは大災害に対して殆んど其効無し、故に場合に依り艦の推進原動力の大部を此目的に転用し得るの装置あるを要す。然れども吾人が之より先きに留意すべきことは艦其物の構造に於て火災水厄等の原因を消極に減少するにあり。

○如上有形的防禦力の大部は固定不動にして運用の妙を要するもの少く、従て無形的防禦力即ち術力と認むべきもののなきが如し。然れども防禦機力の弱点を補足若くは削除するを目的とせる臨戦準備及合戦準備の如き、或は浮泛力の維持を目的とせる防水区劃の排水及平均満水、（一部の浸水に対し其反対部に満水して艦の均衡を保たしむるもの）防水扉蓋の開閉及防水蓆の用法の如き、或は水雷攻撃の直接防禦を目的とせる防禦網の展張及探海灯の探射法の如き、或は又消火排水を目的とせる防火防水機関及其装管（パイプアレンジメント）の複雑なる応用法の如き、何れも是れ防禦術力に属するものにて将校たるもの、須臾（しゅゆ）も忽諸（こつしょ）に附す可らざるものなり。本来攻撃力と云ひ又防禦力と云ひ同じく之れ戦闘力の要素なるも、一般の嗜好は常に前者に傾き易く後者に対する信切なる研究足らざるが故に、艦の罹厄に際し往々防禦機関の全能を発揮せしむること能はず、戦闘力の全部を挙て堅艦と共に空しく之を海底に埋滅するに至る。攻撃力運動力等の亡失は之を恢復し得るの望なきにあらざるも、防禦力の亡失より生ずる損失は此の如く遂に恢復す可らざることあり、戒めざるべけんや。

茲に防水に関し一言の附すべきものあり、他無し防水隔壁及扉蓋等の厳密なる水密検査是れなり。此検査は艦船受領の時を始めとし四年毎に一回施行し、又艦砲発射或は坐礁の激動、其他改造修理等ありたるときは水密に疑ある箇所に対し臨時に之を行ふを要す。若し隔壁に五銭大の一鋲孔ありとするも其区劃は已に防水の効を失ふ、銭大の鋲孔は浸水に対し容易に塡塞し得るが如くにして然らず、其区劃内に物品格納しあるか或は浸水面此孔を超ゆるときは其所在を発見すること頗る難く、之れが探索に努力する間に浸水は漸々該区劃に充満し来り、更に比隣の区劃に浸入するに至るべし。又水密検査と共に厳重に禁制すべきは改造修理等に際し一小孔たりとも濫りに隔壁に穿たしめざることなり。

第四節　運動力

○敵あり、之れに近接して攻撃を実行し又之れに対し有利の地位を占めんには我が運動力に依らざる可らず。運動力は即ち前進力、後退力及回転力に外ならず。

戦術上に於ける運動力の価値は攻撃力の如く大ならずと雖も、此力素無くして戦術は実施し得らるゝものにあらず、巧妙なる戦術は主として巧妙なる運動に依り攻撃力を適当の時機に適当の位地に在らしむるにあり。特に水雷戦及衝突戦に於ては運動力の効用最も大なりとす、駆逐艦水雷艇等が敵艦に近接して其魚雷を発射するの位地に達するは即ち運動力の所為にして、是れ間接に攻撃力の一部をも成せるものなり、又其の敵艦に近接する速力大なるときは能く敵砲火の効力を減殺し間接に防禦力の一部をも成せり。若し夫れ衝角に至りては全然運動力に依り其効を奏するものなるが故に、衝突戦に於ける運動力は取りも直さず攻撃力と認めて可なり。

砲戦に於ては運動力の効用水雷戦に於ける如く大ならずと雖も、尚ほ之れに依り適宜に砲戦距離を伸縮し戦勢上の好位を制するの与力少しとせず。然りと雖も速力の利益は常に之れあるものにあらず、唯だ迅速に運動するを要する場合にのみ、高速のも

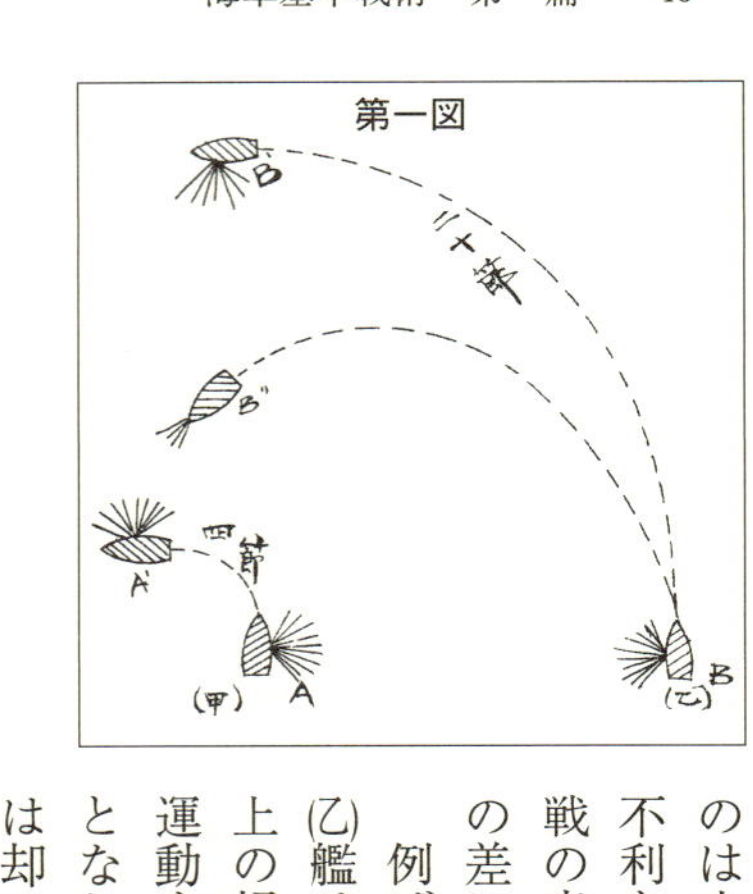

第一図

のは之を為し得るも劣速のものは之を為し得ざるの不利あるのみ。何となれば対抗艦船各其敵に対し決戦の意志を以て合戦するときは其相対的対勢は速力の差に依り大なる変化を生ぜざればなり。

例ば**第一図**に示せる単艦の対抗に於て(甲)艦は四節、(乙)艦は二十節の速力を有し、(乙)は其優速を以て戦勢上の好位を制せんとするも(甲)が内方線を取りて回転運動するときは其対勢はA'B'の如く殆ど変化することなし、此時若し(乙)が急劇にB''の如く盲動するときは却て劣速なる(甲)の為に好位を制せられ猛烈なる其縦射を蒙ることあるべし。但し戦闘を強ひ或は之を避くるの戦略的利益は常に優速艦の占有する処にして、劣速の艦は敵に多大の損害を与え得るも其退却するを追撃する能はざるのみならず、我が損害大なるため避戦せんとするも能はざるなり。

速力の差が戦術上に及ぼす前記単艦の例証は単隊の戦闘に於ても殆んど同一に適合するものにて、唯だ必要ある場合に比較的迅速に好位を占め、若くは非境を脱し、或は比較的長時間好位を保持するの利あるのみにて場合に依りては優速却て戦術上不利なることなしとせず。例ば第二図の一例に示すが如く、(A)なる優速隊が(B)なる敵に対し恰好の位地を占め其全線の砲火を敵の先頭に集中せるとき、其優速を以て尚ほ前進するときは数分時の後戦勢は一変して却て劣速の敵に我が後尾を猛撃せられA'B'の如き対勢となることあるべし。然れども二隊以上即ち複隊の戦闘に於ては速力の戦略的利益（挑戦避戦の利）が友軍諸隊の集散離合を容易ならしめ、戦機に応じて協同動作するの利を得せしむること多し。之を要するに優速の利益は固より之ありと雖も、唯だ其優速を利用し得る場合のみに存するものにて、終始如何なる場合にも之れに伴ふ利益あるものにあらず。

第二図

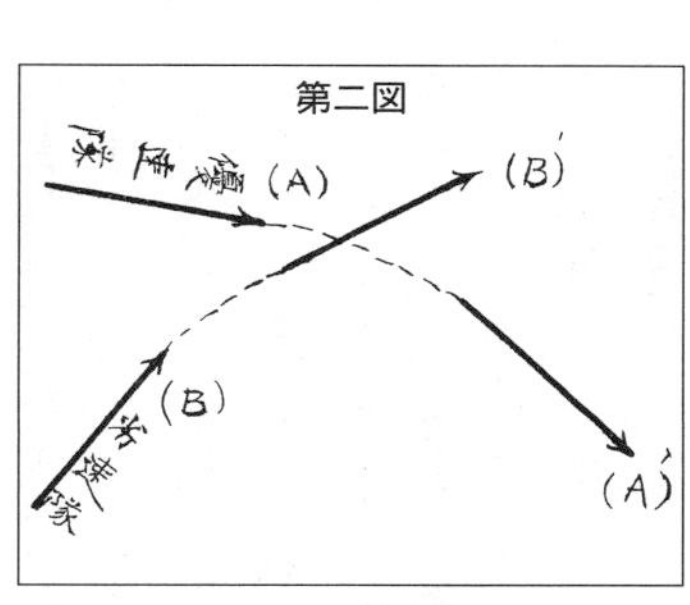

回転力の大小も亦水雷戦、衝突戦の如き接戦に於ては其効用著大なりと雖も、近戦又は遠戦に於ては其影響する処比較的僅少なり。特に編隊して戦闘するときは各戦闘単位の回転圏の小ならんよりは寧ろ斉一なるを有利とす。

○運動力の有形的要素は即ち艦艇の推進機関及操舵機関にして、一つは進退を掌り一つは回転を理し共に相須て其運動を自在ならしむること尚ほ鳥の翼と尾に於けるが如し。往時の推進及操舵機関は単純なる帆と舵とを以て天然の風力を利用せしが、汽力の応用以来汽機之れに代り漸次に其機関複雑して終に現時の如く進化し来り、其重量と価額は艦艇全体の五分の一乃至三分の一を占領するに至れり。而して其重量を消極に減少すると同時に其効力を積極に増大せんとするは固より戦術の要求する処なれば汽機と汽罐の別無く凡て此方向に発達せしめざる可らず。

現時の推進機関を往時の檣帆に比すれば其利便なること固より言ふを俟たずと雖も、更に将来の発達を望みて現在の欠点を数ふるときは蓋し左の如くならん。

一、汽罐及其燃料が艦の大重量及大容積を占有し爾他の戦闘力量を軽減すること。

二、汽罐通風のため数個の大煙突及通風管が艦上に暴露し攻撃力及防禦力を減殺すること。

三、汽罐の煤煙が通信力を妨害すること。

如上の欠点は吾人今日已むを得ざるものとして之れを忍ぶと雖も、戦術上の見地より虚心平気に考察するときは戦闘力素の第三位に立てる運動力のために斯くの如き大重量と大容積を分配するは聊か偏重の感無き能はず。故に汽力に代はるべき他の簡便なる力素を適用するか、或は尚ほ汽力を用ふとすれば一層有効にして軽小なる汽罐を創造し、石炭に代はるべき軽便の燃料を求めざるべからざるなり。之れと同時に造機家に対して希望すべきは用機者の智能に適応する機関を供給すること是なり、用機者の大部分は本来素要少きが故に複雑精巧なる機関を巧妙に使用して其全能を発揮せしむること甚だ難し、少許の注意を怠れば忽ち其機能を失するが如き機関は仮令(たと)ひ精巧なるも武人の蛮用に適するものにあらず。

○運動力の無形的要素は艦を運転する技術即ち運用術にして、機関術は運用術の範囲内に属する一部の間接要素なりとす。

運用術の目的を約言すれば艦を必要の方向及位地に移転及静止せしむるにあり。固より此目的を達する為めには諸多細末の技術ありて錨具、索具、桁材の用法等なきにあらずと雖も其最終の目的は単に上記せるものゝ外に出でず。人動(やや)もすれば運用術の真義を解せず、唯だ末技に習熟して其術能を得たりとするは誤れるの甚しきものなり。而して現時の運用術に熟達せんには先づ其有形要素たる推進及回転機関の性能及其力量を詳知し、多度の経験に依り之を活用するの呼吸を会得せざる可らず。往昔帆船時代の将校が檣帆の性能と其取扱法を知るを以て運用術とすれば今日の将校が帆に代りたる汽機、汽罐の性能と其取扱法を知るの必要あるは当然のことにして、尚ほ銃砲が弓矢に代れば吾人は弓術を棄てゝ銃砲術を学ばざるべからざるが如し。然るに海軍将校の運用術を言ふもの往々尚ほ帆船時代を追想して「ジブ」「フライングジブ」等に恋着せるのみならず、直接の必要ある機関術を別科の如く度外視し、其部下を教育するに当りても尚ほ古物を持出さんとする傾向あるは抑も事物進歩の道理を解せざるの結果にして、宛も小銃射撃の稽古を弓矢にて為すと一般なり。若し夫れ吾人に時間の余裕ありて帆前的運用術も汽機的運用術も或は又前装砲も後装砲も悉く歴史的に研究練磨するを得ば之れに優れる能事なしと雖も、奈何(いかん)せん人間の一生は古人も今人も同一にして先代以来進化し来れる技術を歴史的に学ばんと欲せば忽ち時間の不足を感ずるに至らん。去れば吾人は常に現在を標準とし現在用ゆる処の機関を運用するの技術に習熟せざる可らざるのみならず、尚ほ将来の発達に着眼して新機関の現出する毎に直に之を活用し得るの用意なからざる可らず。今や旋転汽機(ターバイン)は将来の推進機関たらんとす、其性能は前進力に強く後退力に弱し、故に此新汽機を装載せる艦船の運用術は又今日のものと其趣を異にするや必せり。

○機関術は本来運用術の範囲に属するものなれども、近時の複雑なる汽機汽罐の精密なる保存及取扱法等に至りては到底一人の力の能くする所にあらざるを以て終に此一分業を形成し、機関官をして之を担任せしめ、運用術の要求に応じて機関を有効に保全し其最大効力を発揮せしむるの業務となれり。而て推進及回転機関幷(ならび)に諸多補助機関が年を逐ふて多岐精巧となるに従ひ、運用術に対する斯術の責任愈々(いよいよ)重且つ大となり、益々一大専科として之を研究練磨せざる可らざるに至れり。然るに近時泰西の先進海軍国中に於て此分業の因て来れる原由と其必要を否認し、運用術を担任せる将校と機関術を担任せる機関官を混合して一団となし、之を一型に教育使役せんとす。実に誤れるの甚しきものにて此の如き海軍は一朝有事に際し機関の欠点損傷等に原因せる戦術上の過失を招くべきこと疑を容れず。吾人は運用家に対し帆前根性を棄て現時の汽機を基礎とせる所謂汽機的運用術を攻究せんことを希望すると同時に、主機家に対しては自家分業の重要なるを自覚して其の限界を確守し常に運用家の緩急要求に応じ得るの用意あらんことを切望せざるを得ず、是れ実に戦闘力素として運動力量を増大すべき上乗の道なればなり。

第五節　通信力

○戦闘力を人体に譬へ、其の攻撃力を手腕とし、防禦力を体軀とし、運動力を脚足と見倣せば、通信力は即ち耳目の用をなすものなり。手足体軀等如何に強健なるも之を適当に指導すべき耳目なきときは人間の行為は唯だ盲動乱打に了らんのみ。多数の艦艇が相集団して編隊行動し、或は攻撃目標に対し協同動作するを得せしむるものは皆通信力の効能ならざるは無し。然るに戦闘力素として通信力の価値第四に位するものは其効能の比較的劣小なるがためにはあらずして、戦闘其物が大抵視界内に戦はる、が故に人類天賦の通信機関たる視官聴官等が直接に其作用を為し、人工機関の力を借るの要少きを以てなり。此故に通信機力及術力の戦術上の価値は其戦略上の価値に比すれば遙に少し。而て通信機関は其艦内通信と艦外通信とに論無く、確実にして且つ迅速なるものを要し、確実なるも遅緩なるか或は迅速なるも不確実なるものは共に不具たるを免れざるなり。

○現時の海軍に於ける有形的艦外通信機力の重要なるものは信号機及無線電信機にして、戦術の要求に対する近距離通信には比較的精巧なる無線電信よりも簡易なる信号に依るを便利なりとす。蓋し無線電信機は戦略的遠距離通信には適良なるも、敵軍友軍相混乱せる戦場に於て之を我軍のみに専用せんとするも恐くは混信不通の場合多かるべし。又彼の望遠鏡及「メガホン」の如きも視力聴力を増大する一種の通信機にして、若し之を鋭利に改良して数十里外を明視し得べき望遠鏡と一戦隊に言令し得べき「メガホン」等の現出するに至れば其戦術及戦略上に及ぼす効益の至大なるや知るべきなり。

艦内通信機は戦術上に於て却て艦外通信機よりも重要なることあり。一艦の神経的連絡を確実にし其攻撃力、防禦力、運動力の適用幷に其相互の連繋を保持するは艦内通信の力に依るものにして、特に攻撃力と運動力とは最も密接の関係を有し、運動に依りて生ずる射距離苗頭の変差及攻撃目標の転換等の通報は直接に攻撃力の効果に影響すること頗る大なり。故に之に要する通報器等は最も確実迅速なるものを撰用すると同時に戦闘準備に際し充分に其被護の方法を尽さゞる可らず。

○通信力の無形的術力は前記したる各種通信機を完全に使用して通信を交換するの技術に過ぎず。而て信号術と謂ひ又無線電信術と謂ひ、凡て通信技術は下士卒の業務に属し、其練習実施共に比較的容易なりと雖も、将校の担任に属する通信法の制定に至りては最も明晰なる組織的脳力を要する至難の事業なりとす。此通信法の適否は通信機の良否及通信兵技能の巧拙よりも一層著しく通信力を消長するものなり。適良に案画編組されたる通信法は錯誤遅達の虞なくして能く明瞭に意志を疏通し、以て戦術上の諸要求に応ずるを得ると雖も、不完全のものは或は通信の速度を減却し或は誤解不明の原因となるべし。彼の大冊の信号書、電信暗号書、其他諸種の通信規定の如き、多くは一個の頭脳に依り編組されたるものにて万人之れを慣用して通信上の利沢を蒙りつゝあるに拘らず、其通信力の要素として幾何の価値あるやを認識するもの甚だ少し。

第六節　結　論

○以上戦闘力の要素に就きて列叙したる処は凡て戦術上の見地より立論したるものにして、戦略上より観察するときは、要素の種別及其価値等に於て多少の異同なからざる可らず。例ば運動力要素に属する速力、航続力、或は通信力要素に属する遠距離通信力、或は攻撃力要素に属すべき弾薬貯蔵及供給力、或は又防禦力要素に属すべき耐海力等、何れも戦略上欠く可らざる重要の力素なれども、本編戦術講究の範囲内に於ては混雑を避け之れが論究を省きたり。然りと雖も戦闘機関は凡て一物を以て戦略及戦術両様の諸要求に応ぜしむるべきものなるが故に、是亦同時に考究を要するものなり。

之を要するに、単に戦術のみの要求に適応せんには、将校たるもの本章説く処の戦闘力要素が戦闘万事の素因を成せるものたるを理会服膺し、其主務にあるものと在らざるものとを問はず、常に怠らず有形及無形各種要素の力量を増大するに努め、他日事あるときは最良の要素に依り、最上の戦術計画を立て、之を最巧に実施し、以て最大の戦果を収めざる可らず。而て此等要素中有形の要素は個人の意匠を以て之を改良するに易く、且つ其力量も大抵平時の軍事調査に依り、彼国の艦数は幾何、此国の砲数は幾何と謂ふが如くに之を測量するを得、以て戦術計画の資料とするに難からずと雖も、無形の術力要素に至りては独り其進歩の遅々たるのみならず、外国のものは勿論、自国のものも尚ほ容易に其力量を検定すること難く、戦場に敵と相見え、已に大事去りたる後に至り、初めて彼我力量の優劣を自覚すること多し。是れ誠に吾人の寤寐にも忘却すべからざる処にして、若し到底彼我の術力を判定する能はざるものとすれば、吾人は唯だ終始及ばざるを恐れて、孜々汲々平時の教育訓練に精励し、以て術力の練度を積極に保持するの外無し。若し夫れ彼は百発十中我は百発三十中、我れの一能く彼の三に対抗し得べしなどの自負的立算を以て戦場に臨めば、意外にも彼の百発五十中に圧倒せられて、又起つ能はざるの敗滅を招くことあるべし。況んや我れの恃みし百発三十中すらも、士気其他の影響を受けて転瞬の間に百発零中に減退することあるに於てをや、深く戒めざる可らず。要は唯だ百発百中に達する迄進んで息まざるに在り。

終に臨み尚ほ一言の附すべきものあり。他無し、此等有形及無形の要素は人智の進歩に伴ひ間断なく発達して底止する処無く、従て之を以て戦闘する技術、即ち吾人の茲に講究しつゝある戦術も時々刻々に進化しつゝあるが故に、今日一戦術を講習し得たりとて、果して之れを将来に適用し得べしと安心する能はざること是なり。要素の進化するに準ひ、戦術も亦間断無く研究進化せしめざる可からず。奈破翁は一戦術の有効保険期限を十年となせり。兵器の改良進歩極めて遅鈍なる陸軍に於てすら尚ほ且つ然り、昨の堅艦今は弱艦と化し、今日の良砲明日の廃砲となるが如き海軍に於ては、其戦術の有効期限は蓋し二年を越ふること無からん。

第二章　戦闘単位の本能

第一節　総　説

○戦闘単位とは戦闘部隊の兵軍を組成せる最小単位にして、戦闘に当り分離別働せしめ得る兵力の極限を謂ふ。而して数個の戦闘単位を団結し、一隊となりて戦闘するものを戦術単位と謂ふ、即ち戦闘単位は戦術単位の最小なるものなり。

戦闘単位には大小ありて、海軍に於ける最小単位は艦艇一隻なりと雖も、戦術上の必要に応じ二隻以上を集団して較や大なる単位、即ち群隊単位（茲に群隊と謂ふは従来の群陣の意義にあらず）を組成することあり。而して巡洋艦以上の群隊単位は二隻若くは三隻より成る所謂分隊単位或は小隊単位を用ひ、駆逐艦水雷艇等は大抵四隻乃至六隻の群隊単位を常用す。但し前記の如き大単位の建制は各海軍国を通して未だ一定確立したるもの無く、多くは時の必要に応じて指揮官任意の隊制を設くるの慣例をなせり。然れども各国海軍の兵力年を逐ふて増加するに従ひ、大単位の建制を常設するの必要を生ずべきは自然の趨勢にして、已に駆逐艦水雷艇の如きは各国共に群隊単位の建制を採用し、巡洋艦以上も群隊単位を編組せんとするに至れり。以下本章に説く処は主として最小単位即ち隻艦隻艇に就きて其本能の標準及分限を明にせんとするものにて、大単位に論及せるものにあらず。

○各種戦闘単位をして単に戦術上の要求に適応せしめんには、艦艇は唯だ定限の戦闘力要素を具備すれば足れりと雖も、戦闘単位は相集団して戦術単位を成し、戦術単位は更に団結して戦略単位即ち大艦隊を編組するの必要あるが故に、或程度迄は戦略上の要求にも応じ得べき性能を兼備せしめざる可らず。例ば航続力、貯蔵力、遠距離通信力等は主として戦略上の要求より戦闘単位の本能に加入するを要するものなり。此の如く戦術及戦略上の諸要求を悉く完容して、万全無欠なる戦闘力及戦争力を各個単位に具備せしむることは、現時の機力的発達の程度尚ほ未だ之を許さゞるのみならず、働力の経済を目的とせる分業の原則に従ふときは、必ずしも各個単位に万能を保全せしむるの要無し。例ば陸軍に於て其戦闘単位の本能を定むるが如く、歩、騎、砲、工、各兵種の性能を一個単位に完備せしめんとすることは、遠き将来は知らず、現時は到底不可能に属するのみならず、若し今日強て此分業を合一せんとせば兵力上少なからざる不経済を生ずるに至らん。是故に海軍の戦闘単位も各種の目的に対して其業務を分別し、各其用途に応じて定限の本能を賦与せり。而て其種別及本能の定限に就ては各海軍国其採る処を異にすと雖も、之を通観すれば大同小異にて著しき差隔を有せず。今其種別を列記せば大要左の八種なり。

一、戦艦　　二、巡洋艦　　三、通報艦　　四、海防艦　　五、砲艦
六、駆逐艦　　七、水雷艇　　八、潜水艇

此等各種の艦船は其大小に依り、更に分類して之を一等乃至三等に小別す。例ば一等巡洋艦、二等巡洋艦或は一等水雷艇、二等水雷艇と謂ふが如し。而して艦種の何たるを問はず、大艦の少数と小艦の多数と孰れが戦略及戦術上に有利なるやは或る定限の製艦費を以て一海軍を建造せんとするに当り、直に起るべき問題にして、双方共に利害得失あること左記の如し。

大艦少数の利点

一、兵力集中の利を有すること
二、戦闘力を充分に具備せしめ得ること
三、航続力、貯蔵力、耐海力等を大ならしむること

小艦多数の利点

一、必要に応じ兵力を分離し得ること
二、戦闘其他の原因より生ずる被害を分限し得ること
三、修理特に入渠等に大設備を要せず、且つ浅水を航海し得ること

如上相反する利害は固より絶対的ならずして比較的なり。而て双方の利点は共に戦略、戦術上欠く可らざるものにして、戦闘単位たる一艦一艇は少くも或程度迄此双方の利能を有せしめざる可らず。故に双方共に極端に至るときは一方の利を占有し得ると同時に全く他方の利を忘失し、遂に不具の艦艇たるを免れざるなり。是故に最適良なる造船政策は前記両主義の極端に馳せずして、其中庸を撰むにあり。然るに近時各海軍国漸次に大艦を建造する所以は如何。曰く是れ必ずしも大艦少数主義を採れるにあらず。世運の進歩に伴ひ、凡百の事物が向上膨大するは自然の数にして、十年前の金百円が十年後の金千円に相当するが如く、軍艦の進化も亦此時勢に駆られ昨の大艦今は小艦と化し去り、各国共に海軍力を拡張するに従ひ、単に其単位の数を漸加するのみならず、単位其物の力量をも増大して、兵力集中の理に合へる緊縮隊形（エンパクト・フォーメーション）を採らざる可らざるに至れるものなり。即ち換言すれば大艦多数の積極主義に外ならざるなり。

以下節を別ちて各種戦闘単位の本能を論究せんとす。

第二節　戦艦の本能

○戦艦は其名称の如く海上の戦闘を主管せる戦闘単位の基本にして、爾他各種の戦闘単位は皆之を基準として其本能を定むるものなり。

戦艦の本能の標準を定むるには固より定限あることなし。唯だ機力の許す限り、益々其戦闘力を大にし攻撃、防禦、運動、通信の諸力素を充実完備せしむるを可とす。然れども機力には自ら其当時の発達程度ありて、無限に之を増大するを許さゞるのみならず、度外に之を増加すれば却て其力量を減少するの虞ありとす。例ば現時に於ける砲熕の最大発達程度は四十五口径十二吋後装砲にして、此以上に大なる砲を製出して砲力を増大し得ざるにあらざるも、却て砲の命数を減少し、或は之を装載する為め艦幅の大なるを要し、従て艦の容積を大にし、艦の速力を減じ、利する所失ふ処を償はざるの結果を生ず。或は又一艦に可成的多数の砲熕を装載せんとするも、或は限界を越ふれば艦の容積を過大にし従て其防禦力、運動力等に又多大の重量を払ひ、寧ろ之を小型の二艦に分造し、其攻撃力を合同するの利なるに如かざるに至る。故に戦艦の艦型は其当時の機力的発達に準じ、其重量若くは価額に対する戦闘力の比例が最大なるものを其最大限とし、之を超ふるときは却て其効力を減殺するに同じ。而て現時に於ける其極限は蓋し十二吋砲十門を主兵とせる速力二十節、排水量二万噸内外の戦艦ならん。

○已に前章に述べたる如く、戦闘力の主要力素は攻撃力なり。故に戦闘を本務とせる戦艦の本能も亦攻撃力を主能とし、他力之れに随伴せざる可らず。即ち先づ一戦艦に保有せしむべき攻撃力の分量を定め、之を基準として順次に防禦力、運動力及通信力等に及ぼすを要す。若し其本末軽重を顚倒するときは、全く戦艦の本能を亡失するに至らん。然るに海軍国中往々此順序を無視し、速力を増加せんが為に装甲を薄弱にし、甚しきは無装甲戦艦を製出したる実例あれども、此の如きは自然の原則に適合せざるものにて、仮令優速を以て挑戦避戦の利を占有し得るも、一たび決戦場裡に敵と対抗するときは忽ち一敗地に塗れて又起つ能はざるや必せり、是れ正当に戦艦の本能を具備せざるが為めなり。

○戦艦の主能たる攻撃力は砲熕を主兵、魚雷を副兵とし、其砲熕は又更に主砲、副砲及防禦砲の三種に分類す。而て主砲は十二吋砲、副砲は六吋砲、防禦砲は四吋砲を以て適良とし、其装載の比例は主砲一門、副砲二門、防禦砲三門を適当とす。（十二吋砲一門の装載重量は六吋砲八門に相当す）十二吋砲を主砲とするに就ては各海軍国殆んど其軌を一にするも、副砲及防禦砲に至りては区々にして一定する処無し。然れども七吋以上の副砲は其装載砲数及発射速度の著しく減少する故を以て副砲たるの価値を失す。蓋し軍艦の主砲は宛かも陸軍の砲兵の如く、遠戦及破壊を主とするも、副砲に至りては歩兵銃火の如く其多数と迅速なる発射に依り、近戦及圧倒を以て主砲機能の足らざるを補足するものなればなり。若し夫れ防禦砲に至りては単に水雷艇防禦を目的とせるを以て、魚雷の加害距離及雷艇の速力増大せる今日に於て、千五百米突以外の命中不確実なる十二听砲及四十七密砲に依頼するは最早時勢に後れたるものと謂はざるを得ず。但し副砲も防禦砲に代用し得るを以て度外に多数の防禦砲を装載するの必要を認めず。

（附記）茲に附記すべきことあり。他無し、近時副砲を全廃して主砲全装の戦艦現出しつゝあること是れなり。蓋し皮相の観察に依り将来の海戦を遠戦のみと誤想せるに起因したるものにて、戦闘の如何なるもの、戦術の如何なるものなるかを理解せざるものと謂ふべし。夫れ戦闘は遠戦のみを為さんと欲するも、為し得べきものにあらざるのみならず、戦勢の如何に依り、又近戦せざる可らざる場合少しとせず。否な多くの場合に於て近戦にあらざれば勝敗を決し戦闘を終結せしむること殆ど難し。此有要なる近戦に当り、少数の主砲よりも多数副砲の効力遙に偉大なるは最近実戦の証明せる処にして、数理に質すも其然るを知るに足るなり。惟ふに海軍の主砲全装論は陸軍の砲兵万能論と一般にして、歩兵銃火の近戦に最要なるを知らざるが如し。若し夫れ主砲にして副砲の如く其発射速度著しく増進し、且つ其多数を装載し得る時代に至れば知らず、少くも現時及近き将来に於ては未だ副砲を廃棄し得べきものにあらず。

魚雷は固より戦艦の副兵にして、単に接戦にのみ使用するものなれば、之が装載に重きを措くの要なしと雖も、其加害距離漸く伸長して将に近戦武器の班に入らんとし、大に戦術上に影響するに至るべければ決して之を廃棄すべきものにあらず、却て益々其装載の必要を増加せるものなり、而て其装載の方法は容積の許す範囲内に於て左の要領に拠るを可とす。

一、敵弾の毀害を避くるため、可成的水中に装備するを要す。

二、舷側に四門乃至六門、艦尾に一門を射線を異にして装備するを要す。

（註）艦尾発射管は戦術上発射の機会甚だ多し。

○戦艦の防禦力は攻撃力に次で重んぜざる可らず。是れ戦闘は其勝敗を決する迄に必ず若干の時間を要し、其間彼我相撃つに当り、敵の攻撃に耐抗して我が諸他の戦闘力を保護し、交戦を継続して最終の勝者たらんとせば、一つに防禦力に依頼せざる可らざるを以てなり。戦艦にして防禦力乏しきときは一時其優勢なる攻撃力を発揮し得るも、到底之を保続して永く戦場に存立すること能はざるべし。故に若し為し得べくんば防禦力も其完全無欠なるを望むと雖も、奈何せん各種戦闘力素配合の原則は之を許さゞること前章に述べたる如くなるを以て、人智益々発達して造艦技術が如何に進歩するも此原則は依然変ずることなく、到底防禦の完全を期望す可らざるなり。此原則に悖戻せる戦艦は宛も甲冑武者に銃器弾薬を携帯せしめ其行動の自由を望むと一般にして、結局戦術上の要求に適せざる不具無用の長物たるを免れざるなり。此故に吾人は未来永々戦艦防禦力の不完全なるを覚悟するを要すると同時に、現時の戦艦に要求すべき防禦力の程度も大約左記の標準に満足せざる可らざるなり。

一、重要部（司令塔、主砲塔、機関部水線）の装甲は最大近戦距離（約五千米突）に於て主砲弾の正撃に抗し得ること。

二、水線部（中央機関部及前後の端末を除く）の上下約七呎、副砲台、水線部と副砲台の間、煙突下部の装甲は最大近戦距離に於て副砲弾の正撃に抗し得ること。

三、水線面に亘る保護甲板は最大近戦距離に於て主砲弾の炸発及落角副砲弾に抗し得ること。

四、砲台甲板及其の上甲板は最大遠戦距離（約一万米突）に於て落角副砲弾に抗し得ること。

五、艦底全部の防水区劃は魚雷及敷設水雷一個の爆発に対し浮泛力及運動力を維持し得ること。

六、揚弾筒及必要なる通信機関は装甲部にあらしむるか、或は特に装甲の被護を附すること。

七、推進及回転機関其他重要なる補助機関は保護甲板下に置くこと。

如上の標準固より完全なるものにあらずと雖も、之れすら尚ほ充実すること能はざるは今日の実状にして、上記第一項の要求に応ずるも、現時の被帽弾に対し尚ほ十二吋厚の装甲を要す、其他推して知るべきなり。故に吾人は之れに満足して其足らざる処は間接防禦力たる攻撃力を以て補ふの外無し。

○戦艦の運動力特に速力に就ては多々其大なるを可とし、其標準として別に拠るべきもの無しと雖も、之れ亦前記攻防二力に制せられて其度外を望む可らず、故に攻防二力を減ぜざる限り、機力の許す範囲内に於て其最大なるものを採れば足れりとす。此主義に基き吾人が現時の戦艦に期望し得る最大速力は蓋し約二十節なるべし。固より速力の優長は戦術上利なきにあらざるも、二十節の内外に於ける一二節の差隔は決戦々術上に著しき利益を生ぜざること已に前章に論述したる如くなるを以て、戦闘を本務とせる戦艦に於ては僅少の優速よりも寧ろ攻撃力又は防禦力を増加せるに如かず。一節の増速に要する機関の重量を攻撃力に転ずるときは其増勢の比例は増速のものよりも遙に大なり。

戦艦の能力中速力に干連して考慮すべきものは其航続力なり。航続力は主として戦略上の要求より打算せざる可らずと雖も、単に戦術上の要求を充さんには其標準を交戦時間に取るを要す。而て今後の海戦は二日以上に亘ることあるを予期し、其前後に消費すべき燃料の分量を加へて、戦闘速力（最大速力より二節を減じたるもの）にて三昼夜以上の航続を標準とせざる可らず。此航続力は通常速力を以てする戦略上の諸要求をも充たすに足るなり。但し近時石油燃料及旋転機（タービン）を用ふるに及んでより大に燃料の貯蔵容積を軽減し、一等戦艦は其航続力に対する充分の燃料を搭載し得るに至れり。

第三節　巡洋艦の本能

○巡洋艦の本務は戦艦の耳目となりて捜索及偵察に従事し、或は敗敵の追撃、敵駆逐隊艇隊の撃攘其他商船の拿捕等に任ずるにあり。此本務に適応せしめんには其本能として速力及航続力を第一に置かざる可らず。然れども其速力あるを以て追撃戦の重要部を働かざる可らざるのみならず、捜索及偵察等に任ずるに当りても、尚ほ敵の同種艦に対し威力を以て我が任務を強行し、或は敵の同一任務を阻害せざる可らざるが故に、或る程度迄攻撃力及防禦力を保有せざる可らず。若し巡洋艦にして（二三等巡洋艦と雖も）攻防二力に乏しく単に運動力の優超を以て足れりとせば、宛かも武装を施したる快速商船即ち所謂仮装巡洋艦と撰ぶ処無く、軍国は敢て此の如き製艦に浪費せんよりは寧ろ高速の商船を徴発するに如かず。之に反し装甲巡洋艦を以て一種の快速戦艦たらしめんとして其攻防力を増大するに勉め、其主能たる速力の減退を顧慮せざるが如きも亦一方の極端に失したるものにて、寧ろ初より之を戦艦として建造するを得策とす。夫の速力二十節内外の装甲巡洋艦の如き機力の進歩せる今日に於ては最早巡洋艦の本能を失し、攻防力の劣弱なる二等戦艦に等しく、帯には短く襷には長く、将来の用兵家をして其用途を撰むに腐心せしむべき無要の戦闘単位なりとす。

如上巡洋艦の本能の標準を定むるは由来各軍国の焦慮せる処にして、到底単一の標準を以て一型の巡洋艦を造り、其雑多なる戦術及戦略上の諸要求に応ぜしむること難きが故に、茲に巡洋艦に一等乃至三等の種別を生じ、一等巡洋艦は比較的攻撃力を大にして装甲をも施し、又二三等巡洋艦は快速を主能として攻防力を減少し、左記の原則に準ひ各種巡洋艦を備へざる可らざるに至れり。

一、各等巡洋艦は戦艦より優速ならざる可らず
二、高等巡洋艦は下等巡洋艦よりも攻防力大ならざる可らず
三、下等巡洋艦は高等巡洋艦よりも優速ならざる可らず

此原則は製艦上動かす可らざるものにして、若し造船術上之れに適合せる巡洋艦を建造する能はずとせば固より之を製る可らず、何となれば其本能を亡失せる無要物たるのみならず、却て之れあるが為に実戦に当り強て其用途を作らんとし、終に不慮の失敗を醸すべき原因たるべければなり。

此原則に準拠せる近時の巡洋艦の種別は大抵一等巡洋艦（装甲）及二等巡洋艦（保護）の二種となれり。是れ造船術は未だ二等巡洋艦より優速なる三千噸内外の三等巡洋艦を建造するに苦むのみならず、近時通報艦の構造進歩せるため、之れと二等巡洋艦の間に此一艦種を設くるの必要なきに至りたるを以てなり。

○以上は巡洋艦の本能に就き其標準の要領を述べたるものなり、以下更に之を詳説せんとす。

巡洋艦の主能たる速力は二十四節以上なるを要し、戦艦に比し少くも四節優速ならざる可らず。三節以内の優速は其戦略及戦術上に及ぼす利益真に僅少なり。例ば茲に十五浬を隔て丶我より避退せんとする三節劣速の敵艦隊ありと仮定せんに之に近接し

て戦闘を強ゆる迄には実際五時間以上を要し、発見時機に依り、多くは夜陰に妨害せられ交戦の目的を達する能はざるべし。又二等巡洋艦は一等巡洋艦よりも更に一節乃至二節の優速あるを要す、若し此長所無りせば二等巡洋艦は到底敵一等巡洋艦の行動範囲内に進入して基本務を遂行すること難く、従て其行動範囲を著しく縮少さるゝに至らん。

巡洋艦の航続力も亦戦艦より大ならざるべからざるは論を俟たず、而て其標準は主として戦略上より打算するを要すと雖も、戦艦と等しく戦闘速力（最大速力より二節を減じたるもの）にて三昼夜の航続を標準とせば優に戦略上の諸要求にも応じ得るなり。但し排水量一万五千噸以下の巡洋艦にて、仮りに其戦闘速力を廿三節とすれば通常吃水を以て三昼夜の航続燃料を搭載することは稍や困難なり。

○巡洋艦の攻防力は其副次の能力なり、若し之れに戦艦に匹敵すべき攻防力を賦与するときは其重量は遙に戦艦を超過し、初より之を基準戦艦として建造するに如かず。故に戦艦本能の基準已に一定せる以上は其排水量に超過せざる範囲内に於て巡洋艦の最大排水量を定め、之れに戦艦に優るべき必要の速力及航続力を与へたる後、攻防の力量を定むるを至当とす。是れ実に没却すべからざる分業の原則より由来せるものにして、巡洋艦の攻防力が其速力の優超と相加減するため戦艦よりも劣勢ならざる可らざるは自然の数理なりとす。而て一等巡洋艦は決戦にも参加し得るの攻防力を保有せしむるため其排水量は殆んど戦艦と同等ならしむるの必要を生じ、二等巡洋艦は唯だ敵の同種艦に匹敵し得るの攻防力を保有せしむるを標準として遙かに之を軽小に建造し得るなり。

之を要するに巡洋艦の主能は速力と航続力とにありて、此の主能あるが故に戦艦の耳目手足となり、戦艦其物をして其本能を発揮せしむるものなり。此故に巡洋艦の必要は過去帆船時代の海軍に於ても尚ほ「フリゲート」として存在し、又将来の軍事が如何に進歩するとも此必要は依然として消滅するものにあらず。

第四節　通報艦、海防艦及砲艦の本能

○通報艦

通報艦の本務は其名称の如く通報伝令に任じ又巡洋艦に代りて近距離の偵察及捜索等に従事するにあり。而て其戦闘任務は主として敵の駆逐隊艇隊を駆逐撃攘するにあり。戦闘単位の分業に於て此艦種の必要なる所以は迅速を専一とせる通信上の要求、幷に敵駆逐隊を撃攘すべき戦術上の要求に対し、二等巡洋艦の速力にては満足する能

はざるを以てなり。

然るに近時英国に於ては偵察艦（Scout）なる名称の下に此艦種を製出し、二等巡洋艦の主務を之れに負はしめんとするも、蓋し是れ一時の謬策ならんか。偵察及捜索勤務等は之を強行するに必要なる攻防の威力を要するが故に、単に速力の長所を恃み敵影を見れば直に避退せざるべからざるが如き小艦に信頼する能はざるのみならず、遠距離の偵察、荒天の捜索等は到底二等巡洋艦より小型にして遂行し得らるべきものにあらず。通報艦は唯だ其副務として近距離偵察及捜索を命じ得るのみ。

如上の本務に適合せしむべき通報艦の本能は主として其高速力にありて、二等巡洋艦に対し少くも二節以上の優速あるを其標準とす。而て近時の造船術は優に此要求に応ずるの技能を有し、排水量一千乃至一千五百噸の通報艦に三十節以上を駛走せしむるは已に可能の事実となれり。但し航続力に至りては石油燃料を用ゆるも到底此の如き小艦に其多きを望むこと難し。

又其副能たる攻撃力は駆逐艦を撃沈し得べき砲力と魚雷攻撃を決行し得べき水雷力を標準とし、敢て其大なるを貴ばず、防禦力に至りては更に其多きを要せずして殆んど皆無なるも可なり。是れ其主能たる高速力は敵の駆逐隊に対し間接の攻撃力たると同時に、敵の巡洋艦に対しては間接の防御力たるを以てなり。

○海防艦

海防艦の本務は其名称の如く海岸要塞と協力して海岸防禦に従事するにありて、所謂移動要塞是れなり。故に其本能は其攻撃力及防禦力に殆んど全力を傾注し、運動力、航続力、耐海力等に至りては唯だ一地より一地に移動し得るを以て足れりとす。本来海国戦略の本義を了解し、海上に於ける積極的攻勢防禦が国防の上策たるを自覚せる軍国には此種の戦闘単位を備ふるの要無し、故に世界海軍国中今尚ほ海防艦を建造するものは独り米国あるのみ、蓋し同国は其歴史上に於て「モニトル」艦が南北戦争に成功したるに由り之を珍重し、且つ海岸要塞の薄弱なるため其地方自治制が各州沿岸の首要都市に此の如き移動防禦を有せんとするに原因せるものならん。加之世運の進歩に伴ひ年々歳々其本能を失ひつゝある幾多の旧式戦艦は自然に海防艦に入籍しつゝあるを以て、旧来の海軍国は仮令之を備ふるの要あるも新に之を建造するに及ばざるべし。

○砲　艦

砲艦の本務は海岸に近接し或は河川を溯航し主として陸上の敵を制圧するにあり。故に其本能は軽小浅底にして浅水航行に耐へ、且つ陸兵を威嚇するに足るの攻撃力を具備すれば可なり。即ち我海軍の軍艦宇治、隅田の如きは此の艦種にして昔日の所謂砲艦とは較や其趣を異にす。

戦時此の如き艦種の需要起るは海上作戦已に進行し、海陸協同作戦の開始さるゝ時期にありて、固より其多数を要せず。是れ駆逐艦、水雷艇は此目的に代用し得るのみならず、戦時に際し浅吃水の小汽船に武装し所謂仮装砲艦として急須に応じ得るを以てなり。然れども其建造費極めて低廉なるが故に大海軍国は其平戦時の軍事経済上却て多少の砲艦を備ふるを利便なりとす。

第五節　駆逐艦、水雷艇及潜水艇の本能

○駆逐艦

駆逐艦の名称は其実を適表せず、寧ろ水雷艦若くは艇と謂ふを適称とす。何となれば其本務の主たるものは敵艦隊に対する水雷攻撃にありて、水雷艇の駆逐は却て其副務たればなり。戦闘単位の分業に於て此艦種の必要なる所以は夜戦の武器たる魚雷を利用する為め軽快敏速にして且つ或る程度迄航洋に適するものを欠くべからざるを以てなり。

此本務に適応すべき駆逐艦の本能の主たるものは高速力と水雷攻撃力なり。而て其

速力の標準は機力の許す限り多々益々大なるを要し、其増加するに従ひ間接に其攻撃力及防禦力を助長す。水雷攻撃力も亦較や大なるを要し、少くも魚雷発射管四門、搭載魚雷十二個、特種水雷四連以上たらざる可らず。従来の駆逐艦に於ける発射管二門、搭載魚雷四門にては一合戦の後忽ち其攻撃力を消耗し、長時の戦闘に亘りては到底其主能を発揮すること難し。砲熕の攻撃力は此艦種の副能に属す、若し其主務を敵水雷艇の駆逐撃滅にありとせば之れに重きを措くの必要あれども、其然らざるは已に前記せるが如し。然れども亦敵の駆逐艦、水雷艇と対抗せざる可らざるを以て其主能を減殺せざる限り砲力をも大ならしむるを可とす。

駆逐艦の航続力、貯蔵力等に至りては到底其多きを望むこと難し、故に或る程度を超ゆれば母艦の補給力に須たざる可らず。近時駆逐艦の主能を完全にすると同時に航続力等を増加せんが為に排水量千噸以上のものを建造せんとする傾向あれども、此の如きは却て通報艦に近似して分業の本旨に戻り遂に軽快敏速の操縦をなす能はざるに至らん。蓋し此艦種に充つべき排水量の最大限は約六百噸なるべし。

○水雷艇

水雷艇の本務は駆逐艦と同一にして唯だ其行動半径の縮少せるものなり、即ち駆逐艦の如く艦隊と共に外洋に行動するものにあらずして、或る地点を根拠とし其局地に使用せらるゝに過ぎず。故に主として海岸防禦に充て、攻勢作戦に於ては先づ之を前進根拠地に移し、然る後其戦局に利用するものとす。

従来の水雷艇は其大小に準じ之を一等乃至三等に種別し、其一等艇は航洋に耐ゆるものと認定されしも、其航続力、耐海力等の過少なる為め、常に其母隊の行動を妨害すること多し。二、三等艇に至りては耐海力益々乏しきを以て港湾防禦にも尚ほ充分に其効用を尽すこと難し。本来此の如き小艇に精巧なる魚雷を装載して波浪の上に之を発射せしめんとしたるは、港内の平水より打算したる過大の要求たりしを以て、将来の雷艇は港湾防禦用のものと雖も悉く排水量百噸以上の一等艇たるを要す。

○潜水艇

潜水艇は近時海軍に其頭角を現し来り、従来の平面戦術を水面下に於て立体的に変化せしむるの端緒を開き、後世頗る恐るべき兵器なりと雖も、其発達尚ほ未だ幼稚なるが故に戦闘単位として此に列叙するは較や早きに過ぎたり。今ま現時の発達程度に於て之れに任務を課すれば、海岸の要地に近く行動して其地に近接せんとする敵艦を威嚇せしむるに過ぎずして、可動的艦艇と云はんよりは寧ろ之を移動的敷設水雷と看做すを適当とす。故に今日は未だ海岸防禦の要具に属すと雖も将来必ず容積と運動力を増加して終に有力なる攻勢兵器と化するは当然の理勢なりとす。

第三章　艦隊の編制

第一節　総　説

○兵軍の単位を集団して軍隊を編組する之を編制と謂ふ。夫れ五指の交々弾くは一拳に如かず、個々力行の成績は多力結合の功果に及ばざること遠し、兵戦に於ても此物理は同一に適合するものにて、兵衆結合して同一目的に対し協同動作するときは其効力は兵衆個々に動作するよりも遙に優大なり。結合無き軍隊は其個兵の能力如何に卓越するも所謂烏合の衆にして兵戦に使用す可らざるなり。此結合一致を得んと欲せば兵衆を以て軍隊を編制し一指揮の下に統率せしめざる可らず。是れ即ち編制の目的にして、軍の海陸を問はず編制の必要欠く可らざる所以なりとす。然れども直接一指揮の下に運用し得る兵力には自ら其限度あるが故に、若干の戦闘単位を集団して先づ単隊を編成し、更に其数隊を集団して団隊となすが如く、順次に其組織を大にし、各級の団隊には之れに相当する指揮官及其機関即ち所謂司令部を置き、以て全軍の指揮を系統するものなり。但し編制とは必ずしも軍隊の有形的結合を意味するものにはあらず。其集散離合に拘らず一指揮の下に動作すべき無形的結合即ち意志の結合を謂ふものにして、有形的結合は之を運用する隊形に過ぎず、意志の結合せざる軍隊は仮令形容外観に於て団結するも未だ烏合たるを免れざるなり、編制の目的主として此点に存す。

○編制に二種あり、臨時編制及永久編制是れなり、前者は通常単に編制と慣称し、後者は特に之を建制と謂ふ。又建制は之を平時編制及戦時編制に区別して平戦両時に於ける兵力を増減す。臨時編制の軍隊は有事に際し急に編成するものなれば、常に確定せる永久編制の下に訓練されたる軍隊に劣るべきは論を俟たず。然れども平時に当り多大の軍隊を建制常備するは軍費上許さゞるを以て、之を平時編制及戦時編制に区別し、平時は単に幹隊のみを置きて其隊規を維持し、戦時に際せば直に之を補充して所要の兵力を保有せしむるものなり。

陸軍にては其兵種の素質斉一にして兵力多大なるが故に、古来の実戦に於ける多度の経験に鑑み、各軍国其見る所に準ひ各一定不変の建制を劃立すと雖も、海軍に於ては其最小単位たる艦艇素質の不同并に其進化の急劇なるのみならず、艦数寡少にして其増減常無きを以て列国海軍中今に至る迄尚ほ一定の建制を確定したるもの無し。然りと雖も世運の発達に伴ひ海上武力は愈々増大すべきが故に、海軍も亦用兵上必須の原則に基き、終に其建制を劃立するに至るは自然の趨勢にして、已に英国の如きは各方面に分置せる艦隊の編制を可成的変更せざるの方針を執り、独国も亦将来の艦隊を建制するの目的を持して其新艦艇を建造しつゝあるが如し。蓋し戦術の要求する処は善美なる編制計画のみにあらずして、其編制に依り運用の練磨を積みたる艦隊なりとす、仮令計画完美ならざるも一定の建制を以て平時より訓練されたる艦隊は戦時に於ける其効用遙に大なり。

平戦時に於ける艦隊の建制前記の如く必要なりとすれば、軍国が其海軍を創設若は拡張するに当りても、須く先づ其艦隊編制を劃定し、然る後之を編組すべき艦艇（予備艦をも合して）を建造するを正当の順序とす。換言すれば艦艇ありて編制あるにあらずして、編制先づ立て之れに要する艦艇生ずるものなり。若し此順序を顚倒するときは遂に艦隊に編入する能はざる無用の艦艇を余すか、或は編制上必要なる艦艇を欠くに至らん。然れども製艦は其工事に長日月を要し、一時に所要の艦数を製出艤装すること難きが故に、何れの海軍国と雖も大抵現有せる新旧雑多の艦艇より撰抜して艦隊を編制するの已むを得ざるに至るを常とす。此の如き変法を執る場合に於ては宜しく左記の二項に準拠して一隊を編制すべき艦種を撰択するを要す。
一、各単位の運動力を斉一ならしむること
二、各単位の攻撃及防禦力を斉一ならしむること
即ち第一に艦の速力及回転力の斉一なるを重んじ、第二に攻防力の斉一なるものを抜きて一隊を編成せざる可らず。是れ戦術の最大要求たる各単位の戦闘力を均一、且つ極度に発揮せしむるが為に欠く可らざる要件なるを以てなり。
○団隊の小大を問はず、軍隊を編制するに当り、其要旨とする処は左に列記するが如し。
一、指揮運用に便利なること
二、分離、別働に便利なること
三、教育、訓練に便利なること
四、給与、経理に便利なること
此の第一、第二の要旨は主として戦略及戦術上の要求より生じ、之れに適応せんには、其団隊を編成する単位の員数を制限せざる可らず。又第三、第四の要旨は主として教育及戦務上の要求より来り、之れに準拠するには各団体を編成する単位の員数を均等ならしむるを要す。固より前者は主眼にして後者は副次の要旨なりと雖も、教育

訓練及給与経理に関する事は軍隊の敵前にあると否とを問はず、又平時と戦時に拘らず、終始其利便を享くるものなるが故に何れも同時に考慮せざる可らず。而して若し此各要旨を充さんとして相容れざるときは前段列記の順序に従ひて重きを置くを通則とす。

前記編制の要旨に基き、団隊を編制するに二分法、三分法及四分法の三種あり。二分法は其隊を二分して使用し得る如く二個単位を以て之を編成するを謂ひ、三分法は三個単位、四分法は四個単位を以て編成するを謂ふ。例ば陸軍々隊に於て二個旅団を以て一師団を編成するは二分法にして、三箇大隊を以て一聯隊を編成するは三分法なり。而して各法団隊の大小に依り利害適否ありと雖も、編制の要旨に対しては二分法を採るを最も簡便なりとす。三分法は其隊の一部を予備隊として使用する等には便なるも、作業等を分担せしむる場合に於て常に三分の必要を生じ較や隊務の繁雑を増加するの不利あり。故に軍の海陸幷に団隊の大小を問はず、二分法若くは四分法を採れる軍国最も多し。

第二節　戦隊の編制

○戦隊とは戦艦若くは巡洋艦を以て編組せる単隊の総称にして、直接一指揮の下に戦闘し得る海軍々隊の最大なるもの、則ち戦術単位を謂ふなり。

一箇戦隊を編制するに当り、相干連して考慮すべき二問題は（第一）之を最大単位として使用するには其艦数を幾何に制限するや（第二）之を編組する小単位の数を撰むに二分法を取るか将た三若くは四分法を取るやにあり。現時の軍艦を以て制規の隊形を形成せしむるに列艦の距離四百米突とすれば、一箇戦隊の艦数は八隻を以て其最大限とす。之を超ふるときは隊列延長して指揮運用に不便なるのみならず、敵に対し適当の戦闘距離に近き全隊の攻撃力を均一且つ極度に発揮せしむること難し。故に各海軍国は大抵八隻編制を採用し、之を二分法に依り二箇小隊単位とし、更に各小隊を二箇分隊単位とし、各分隊を二箇の単艦単位とし、以て二分法及四分法を併用して分離別働の利便を共得せしむ。独り仏国のみは更に艦数を減じて六隻編制を採用し、二分法に依り之を三隻編制の二箇小隊単位となせり。蓋し六隻編制は其隊列緊縮するが故に操縦には便なりと雖も、八隻編制の如く単艦に至る迄二分法を以て分割する能はざるのみならず、戦闘の際一艦を亡失するも其兵力を劣弱ならしむるの不利あり。我が元亀天正時代の水軍にては正船、奇船と称別せる二隻の群隊を以て戦闘単位となし、両隻終始相離るゝこと無く協力して戦闘其他の任務に従事せしめ、又正隊、奇隊の二箇群隊を以て一箇小船隊を編制するが如く、凡て二分法に依り二箇単位を以て艦隊を編制したり。此古法は今日多数の海軍国が採用せる二分法の八隻編制と同一にして、吾人の祖先は遠き昔より已に適良なる艦隊編制法の範例を指示せり。

如上六隻及八隻編制の利害を比較するときは八隻編制の利点多きを以て、今後の海軍戦隊は其戦艦たると巡洋艦たるとを問はず、凡て二分法の八隻編制を採用するを可とす。而て其戦闘単位を二隻の分隊とし、二箇分隊を以て小隊を編成し、二箇小隊を以て一箇戦隊を編制し、或は最小の分隊単位、又は較や大なる小隊単位、或は又最大の戦隊単位に便宜離合し得る如くせば、以て戦術及戦略上の諸要求に応ずるに足るべし。

○前記八隻編制の戦隊に指揮官を配するには、戦隊指揮官として高級将官一名、各小隊指揮官として下級将官二名を置き（二等巡洋艦の戦隊は戦隊指揮官をして第一小隊指揮官を兼ねしむ）其一名は戦隊指揮官と乗艦を共にし、戦隊の参謀長を兼ねしむるを適良とす。此配置法は戦隊が一団となりて行動する場合等には較や指揮の系統を複雑ならしむるが如くなれども、却て然らず。八隻の戦隊単列にて運動する場合等には戦隊指揮官が総艦の運動を通視監督すること難きを以て、各小隊指揮官が其部下小隊の行動を監督して戦隊指揮官に対し責を負ふことは全隊の行動を正確敏速に遂行する上に於て比較的有利なりとす。加之各小隊に指揮官を配するときは分離別働に便なるは論無く、平戦時に於ける教育訓練并に給与経理に関しても亦其責任を分担せしむるの利あり。夫の英国艦隊等にて首席指揮官の現在せる間は次席指揮官に何等の権能を附与せず、従て其責任を皆無ならしむるが如きは決して編制の要旨に適合せるものにあらざるなり。但し各分隊には特に指揮官を配せず、分隊として分離別働する場合には先任艦長をして之を指揮せしむるものとす。

○一箇戦隊に附属すべき通報艦の員数は編制上二隻を定数とし、各小隊に一隻宛を附属す、而て其任務の主なるものは各級指揮官の通信伝令、該戦隊の警戒勤務又は附属駆逐隊の嚮導等に服するにあり。

（附記）本章戦隊編制の名称中小隊を聯隊に分隊を群隊に改名するを可なりと認む、是れ小隊及分隊の名称は陸軍の戦闘単位たる一中隊の編制名称なればなり。

第三節　水雷戦隊の編制

○水雷戦隊とは其戦闘単位たる駆逐隊若くは水雷艇隊を以て編組せる単隊の総称にして、水雷戦に使用すべき海軍戦術単位の最大なるものなり。水雷戦隊の編制は各海軍国に未だ其例を見ずと雖も、多数の駆逐隊、艇隊を統率運用するに当り、其指揮を統一して協同動作を遂げしむるが為め、已に其必要を感ずるの時期に達せり。

○水雷戦隊を編成するに当り、先づ攻究すべきものは其の戦闘単位たる駆逐隊、艇隊の編制なりとす。夫れ駆逐隊、艇隊は夜間の接戦を主務とするものなり、多数艦艇の集団は夜間の接戦に適せざるのみならず、却て友軍混雑の原因をなすが故に其編制は四隻を最大限とす、此数を超ふるときは最小単位として夜間の集団到底望む可らざるなり。若し駆逐艦の艦型及速力尚ほも増大するときは其最小単位は終に二隻を適良とするに至らん。

現時各海軍国駆逐隊、艇隊の編制は大抵四隻を標準とす。独り独国は五隻編制を採り、其司令艇に大型の艦艇を充てたり。此特種の編制は操縦にも亦分離するにも不便なるのみならず（最小単位と雖も必要あれば分離することあり）大型の司令艇を編入するが如きは却て全隊の運動力を不均一ならしめ益々操縦の不便を増加すべし。
○戦闘単位の編制を四隻と定め、幾箇の最小単位を以て水雷戦隊を編組すべきやは次に来るべき問題なり。戦術上より見るときは同一の攻撃目標に対し同時の襲撃に使用し得る駆逐隊（艇隊）は二隊を超ゆ可らず。故に駆逐隊（艇隊）二隊を以て聯隊を編組し、此二隊は常に協同して攻撃目的を達せしむる如くし、更に二箇聯隊（即ち駆逐隊四箇）を合せて水雷戦隊を編制し、之を一指揮の下に置くときは二分編制法の利便を享得し、哨戒勤務等に従事する場合に於て業務の分担及服務の交代等の便益至大なるべし。或は聯隊の編制を除き駆逐隊（艇隊）三隊を以て直に水雷戦隊を編組するの一法なきにあらざるも、是れ純然たる三分法にして、二隊の協同動作を基準とせる戦術上の要求に適応せざるのみならず、分離別働の不便も亦少しとせず。故に水雷戦隊の編制は前記二箇聯隊（四箇駆逐隊）十六隻の編制を最も適良なりと認む。
○水雷戦隊に指揮官を配するには各駆逐隊（艇隊）に司令たる少佐若は中佐指揮官を置き、聯隊の指揮官は先任駆逐隊司令をして之を兼ねしめ、水雷戦隊指揮官として特に将官又は大佐を充つるを可とす。此水雷戦隊指揮官には必要の幕僚を附して隊務を処理せしめ、又其乗艦には別に通報艦一隻を充つるを便なりとす。之れ四箇の駆逐隊を指揮運用するには隊中の一艦に偏在する能はざるのみならず、母隊たる戦隊との通信連結其他敵情の観察等は到底小艦艇の能くする処ならざるを以てなり。

（附記）水雷戦隊編制法の可否に就ては尚ほ第二編第三章「水雷戦隊戦法」を参考するを要す。

第四節　大艦隊の編制

○大艦隊とは各種戦隊及水雷戦隊幷に之れに要する特務隊等を以て編組せる艦隊の名称にして、一指揮の下に統率せられ、独立して一方面の作戦に従事し得べき海軍戦略単位を謂ふ。

大艦隊の編制法に就ては各海軍国未だ完全なる範例を示さず、多くは戦時に当り其敵国の兵力及編制に対し優利なる臨時の編制を案劃せんとするもの丶如し。然れども其軍国が其国軍を常備するに当り其兵力及編制を劃定せず、漫然艦艇を建造して唯だ其隻数及噸数の多きを競ふが如きは決して用兵の目的に適応するものにあらず。少くも平時に於て其戦略単位を確足し、戦時に際せば幾何の戦略単位を以て聯合大艦隊を編成すべきやを予定し置かざる可らず。
○大艦隊を平時より建制すると、或は戦時に当り臨時に編制するとを問はず、先づ其主力たるべき戦艦戦隊の兵力を限定するは之れが編制の基礎なり。主幹定立すれば其枝葉たるべき補助兵力は自ら決定すべし。現時兵器の発達程度より其効力の極限に稽へ、同一の攻撃目標に対し同時に使用し得る戦艦戦隊（八隻編制）の兵力は蓋し二箇戦隊（戦艦十六隻）に超ふる能はず。三箇戦隊以上を一指揮の下に置きて協同動作せしむるは殆んど不可能に属し、之を同時に使用するも実際戦列に立ちて其戦闘力を極度に発揮せしめ得るものは二箇戦隊に過ぎざるべし。故に大艦隊の主力は二箇の戦艦戦隊を以て編組するを其極限とし、若し三個戦隊以上の兵力あるときは之を二大艦隊に分つを戦略上有利なりとす。加之二箇戦隊単位を以て一艦隊を編制することは二分編制法の利点を享得するが故に戦略及戦術上の諸要求に応じて分離、分業等に便なること尚ほ前節小単位の編制に就て述べたるが如し。

○大艦隊ノ主隊を先づ二箇の戦艦戦隊とし、次に定むべきものは其耳目手足として之れに附属すべき巡洋艦戦隊の兵力なりとす。近時無線電信が海上の遠距離通信に利用せらるゝに至りてより、艦隊に附属すべき巡洋艦の隻数は昔日の如く多数を要せざるが如き観あるも、其実決して然らず。通信距離の伸長は却て海戦の局面を広大にし警戒の方面、偵察の距離、捜索の面積漸次に増長し、従て益々其多数を要求するに至れり。此等戦略上の要求は固より際限あらずと雖も、今日も尚ほ昔日の如く戦艦一隻に対し巡洋艦二隻を充つるは妥当の標準なるべし。加之戦闘に当りても戦列翼端の警固、追撃戦の先駆、退却戦の殿備、或は又我水雷戦隊の掩護、敵水雷戦隊の撃攘の如き、何れも巡洋艦戦隊の力を待たざる可らず。故に単に戦術上の要求より打算するも、前記の標準は未だ足らざるも過ぎたりと謂ふ能はざるなり。即ち最小限として主戦々隊一箇に巡洋艦戦隊二箇を附属すべきものとす。而て此巡洋艦戦隊の幾分を一等巡洋艦戦隊とすべきやに就ては、攻防力の強大なる装甲巡洋艦と、速力の優長なる保護巡洋艦とに対する戦略及戦術上の需要は大抵相半するものとし、一等巡洋艦戦隊（八隻編制）二隊、及二等巡洋艦戦隊（八隻編制）二隊の配合を適良と認む。此配合は戦略上の必要に応じて大艦隊を二分して二方面に作戦せしむる等の場合に於て戦隊単位を分割すること無く、各種戦隊一箇宛を分配するの利便を有す。

〇次に定むべきものは大艦隊に編入すべき水雷戦隊の兵力なり、水雷戦隊は夜戦に使用すべき唯一の兵種なるが故に、其兵力は昼戦に於ける主戦々隊に匹敵せざる可らず。今仮りに一箇の駆逐隊能く戦艦一隻に対抗し得るものとせば、前記の標準に基き、大艦隊の水雷戦隊は少くも四個（駆逐艦の総数六十四隻）以上たるを要す。然れども斯の如き多数の駆逐艦を戦場に於て有効に運用するには之れが掩護たるべき巡洋艦の隻数を増加するを要するのみならず、戦境に於て之れが給与に欠くること無からしめんには多大の給与機関を具備せざる可らず。是れ主戦々隊の繫累を増加し、其行動と威力とを渋鈍せしむる原因たるが故に、適当の隻数迄之を削減せざる可らず。前記の利害を対照して水雷戦隊の兵力を撰択せば蓋し三個水雷戦隊（駆逐艦の総数四十八隻）とするを最も適良なりとす。此総隻数は各種戦隊の艦数四十八隻に相当するが故に特務部隊の力を借らずして、一時戦隊の給与を受くる場合等に於ても軍艦一隻が駆逐艦一隻を担任し得るの便あり。

○前段列叙し来りたる主戦々隊二隊、一等巡洋艦戦隊二隊、二等巡洋艦戦隊二隊、并に水雷戦隊三隊を以て戦闘部隊とし、之れが行動生存に必要なる特務部隊を加へて一大艦隊を編成するときは即ち左表の如し。

〔戦闘部隊〕

総司令部	一等巡洋艦	一隻
	通報艦	三隻
第一戦隊	戦艦	八隻
	通報艦	二隻
第二戦隊	同右	
第三戦隊	一等巡洋艦	八隻

第四戦隊	通報艦	二隻
	同右	
第五戦隊	二等巡洋艦	八隻
	通報艦	一隻
第六戦隊	同右	
第一水雷戦隊	駆逐隊	四隊
	通報艦	一隻
第二水雷戦隊	同右	
第三水雷戦隊	同右	
〔特務部隊〕		
特務隊司令部	二等巡洋艦若くは仮装巡洋艦	一隻
水雷母艦		三隻
水雷敷設艦		二隻
給炭船		三十二隻
給水船		四隻
給兵船		二隻

給品船　四隻
工作船　二隻
通信船　四隻
病院船　二隻

（附記）右の外戦局の必要に応じて仮装巡洋艦、砲艦、仮装砲艦、水雷艇隊、海底電線敷設船等若干を附属す。

此編制表に於て総司令部の乗艦を一等巡洋艦に定め、之を戦隊より独立せしめたることは英国海軍等の範例に反すと雖も、此の如き大艦隊を統率指揮する総指揮官が一戦隊の一艦に坐乗して之れと行動を共にするが如きは、戦略上より見るも将た戦術上に於ても決して有利なるものにあらず。所謂旗艦先頭して指揮官自ら其意志の向ふ処に麾下を嚮導するが如きは一戦隊を指揮する部将の任なり、若し仮りに其必要ありとするも独立旗艦を以て為す能はざることにあらず。英国は其古名将たるネルソンが常に旗艦嚮導の戦法を執りたるに倣ひ、今尚ほ之を墨守すると雖も、蓋しネルソンは当時其部将に充分の信頼を置かざりしと、又一つは自ら率先して其部下の士気を興奮せしめんが為に此流義を執りたるに過ぎずして、必ずしも戦法上の利害より之を撰みたるものにあらず。主将自ら先頭して戦闘の初期より危地に進入し、最終に至る迄戦闘の全局を主宰するの責任を軽視するが如きは抑々将に将たるもの、敢てすべき行為にあらざるなり、若し夫れ大艦隊を分離して三箇戦隊の兵力に半減するときは便宜上先任戦隊の指揮官が総指揮官を兼ぬるも可なりと雖も、此場合に於ても尚ほ独立旗艦を設くるを利便なりとす。

又此総司令部の乗艦を一等巡洋艦に撰みたるものは戦略及戦術上に於て敏速の運動を要すると同時に多少の自衛的攻防力を保有せざる可らざるを以てなり。而して之に通報艦三隻を専属し総指揮官の命令伝達に従事せしむ、故に通報艦は各戦隊及水雷戦隊のものを合せて其総数十六隻なり。

特務部隊に属する諸艦船は水雷母艦及給炭船の外何れも二隻若くは四隻となせり、是れ大艦隊を二分する場合に適応せんがためなり。而て其内四隻あるものは大抵其補給基地等に往復するに当り、常に其半数を前進根拠地に泊在せしむるの必要あるものにして、水雷母艦の三隻なるは各水雷戦隊に一隻宛を充てたるものなり。然れども此編制表に掲げたる特務艦船は其容積豊裕にして設備完全なるものと看做し、最小限の隻数を示せるものにて、若し各船の容積設備不十分なるか、或は戦局の情況之を要するときは更に此数を増加せざる可らず。

○以上は単に本職の理想に属する大艦隊編制の一例を示したるに過ぎざるものにて、

未だ何れの海軍国に於ても此の如き編制を劃定せるにはあらず。惟ふに現時世界の海国たるもの前記の如き大艦隊の編制を確立して之を其戦略単位と定め、一朝有事に際し少くも二箇戦略単位を整備出師せしむる如く経営せば、以て其国利を完全に保護し国権を積極に伸張し得るに足るべし。

第四章　艦隊の隊形

第一節　総　説

○凡そ軍隊が其編制の下に集団して地上に存在するときは、其運動せると静止せるとに論なく、必ず或る地域を占領し、其各単位の占位に依り自ら一定の形状を成す。此の形状不規則にして列伍整頓せざるときは仮令其編制は善美に劃立するも未だ団隊として編隊行動する能はざるのみならず、各単位相互の運動及通信を妨害して衝触の危険を醸し、従て戦闘若は航泊の目的に適応する能はざるなり。此に於て軍隊に制規の隊形を設くるの必要を生ず。（海軍にては小艦隊の隊形を陣形と謂ひ大艦隊の隊形を陣列と謂ふ）去れば小は一艇隊の陣形より大は聯合大艦隊の陣列に至る迄、皆な前記の目的に適応する如く制定されたるものにて、其戦闘の目的に対するものを戦闘隊形と謂ひ、航泊の目的に応ずるものを航行若は碇泊隊形と謂ふなり。然れども隊形の基本を成すもの即ち所謂基本隊形は戦術上の要求に適合せる戦闘隊形にして、航行及碇泊隊形も可成的其儘基本隊形を用ふるか、或は之に近似して容易く基本隊形に変形し得るものならざる可らず。是れ艦隊は其敵前にあると否とに拘らず常に戦闘の姿勢を持するの必要あるを以てなり。

○編制の大小を問はず艦隊の隊形を制定するに当り、通則として則るべき要旨は左記の五項に外ならず。

一、一定の方面に全隊の最大攻撃力を発展し得ること
二、所要の方向に全隊の正面を変換するに自在なること
三、列伍の整頓迅速且つ容易なること
四、隊列の屈伸自在なること
五、各単位間の通信迅速且つ確実なること

此諸要旨を充たさゞる隊形は戦闘及航泊の目的に適応すべきものにあらず。特に其第一及第二項を具備せざるものは到底戦闘隊形として採用すること難し、何となれば此二要旨は相須て戦闘の本旨たる攻撃を有効に継続せしむるものなればなり。然れども現時の艦艇を以て編組せる艦隊に此等の各要旨を完全に具備せしむることは事実上不可能なるが故に、唯だ比較的最も多く之れに適合せる隊形を最良と認むるの外なし。

而て各要旨中其の何れに重きを置くかに至りては、前段列記の順序に拠るを正当なりとす。蓋し隊形なるものは軍隊の姿勢にして、恰も剣道に於ける構への姿勢の如く刀を上段に構ふれば対手を攻撃するに迅速なるも、我が胴部以下の防禦に適せず。或は又中段に構ふれば全身の防禦に便なるも、攻撃に当り刀を揚ぐる丈の時間を要するの不利あり。即ち一方に利すれば他方に失するは数の免れざる処にして、艦隊の隊形を制定するに当りても亦其完全無欠を望むときは到底得る処無きを以て、予め自家戦術上の主義を確定し（積極的攻撃主義、消極的攻撃主義或は中正的攻防主義等の如し）之れに基きて其要求に適応する隊形を撰択するを可とす。凡そ主義の確立は人間の万事を決定するに最も必要なるものにて、此大本成立せざれば其末法を構成し得らるべきものにあらず。即ち前記隊形の要旨の如きも積極的攻撃主義より算出されたる一種の数理に外ならざるなり。

第二節　戦隊の隊形

○戦隊の編制を二箇小隊、四箇分隊の八隻戦闘単位及通報艦二隻とし、先づ其基本隊形を制定せんとするに当り、各別に講究すべき事項は左に列記するが如し。

一、隊形の列数

（註）隊列は単列とすべきか将た複列とすべきや

二、隊形の正面

（註）隊列は縦列、横列、若は梯列の何れを撰むべきや

三、列艦の距離

（註）隊列を形成せる艦々の距離を幾何とすべきや

四、列艦の序位

（註）隊列の諸艦は艦型の異同、艦長任官の先後等に依り之を如何なる順序に配列すべきや

五、指揮艦及通報艦の占位

（註）戦隊及各小隊指揮官は列艦の何れに坐乗すべきや、又通報艦は隊列に対し如何に占位せしむべきや

即ち前記の項目に準ひ以下逐次に之を論究せんとす。

（隊形の列数）

前節に述べたる隊形制定の要旨に従ひ、一定の方面に戦隊の最大攻撃力を発展し、且つ其正面変換及隊列の屈伸を自在ならしめんには、到底単列陣形を撰むの外あらざ

るなり。単列は一見単調無趣なるが如しと雖も、精細に之を研究すれば、唯だ較や通信上の不便あるの外、殆んど隊形制定の各要旨に適応せる最良の陣形にして、其通信上の不便も鱗次陣形の応用、若は通報艦の利用に依り或る程度迄之を補除し得るなり。故に古今の海戦に於ける戦列艦隊の隊形は大抵単列ならざるもの無く、唯だリッサに於て墺軍が異様の後翼梯陣を採りたる除外例あるのみ。複列陣形にては僚艦相遮蔽して射撃の効力を減殺するのみならず、戦術上に最も必要なる正面変換に時間を要し、且つ其自在を欠くの不利あり。彼の所謂小隊陣形若は分隊陣形の如きは皆な隊形の要旨に違反し、戦闘隊形は固より航行隊形としても採用し得べきものにあらず。蓋し此の如き無要なる複列陣形が現時も尚ほ列国海軍の艦隊操典に残存せる所以は他無し、第十九世紀の初より其終りに亘り、海戦として見るべき戦例無く、其間海軍は唯だ外交的示威若は平和的儀式にのみ使役せられたるため、漸次に形容の整美を衒ふの弊風を生じ、加るに汽力の応用は益々其傾向を助長したるより、英仏等に於ける紙上の軍人が、其祖先の戦場に於て経験したる遺法の重んずべきを忘却し、徒らに形式に拘泥して複雑を以て能事と誤認し、二列を四列に変じ三角を四角となすが如き虚飾的艦隊運動を構成したるものか、海戦の中絶と共に尚ほ今日に因襲されたるに外ならざるなり。夫れ隊形制定の目的は戦闘若は航泊にあり、此目的に適応せざる隊形何の要を為さんや、要なきもの之を操典に記載するの資格あらざるなり。軍事は凡て簡約を貴ぶ、其簡約なるものも、之を実地に応用するに当りて、尚ほ多大の習練を要す、然るを況んや複雑なるものに於てをや。故に曰く戦隊の隊形は単一なる単列陣形ならざる可らず。

（隊形の正面）

戦隊の隊列を単列とし、次に決定すべきは其正面を何れに向くべきやの問題なり。今列艦八隻を一列に並列し、各艦の正面即ち艦首を列線と同一方向に向くれば縦列即ち単縦陣と成り、又列線と直角の方向に向くれば横列即ち単横陣を成し、其他の各方向に向くれば或る角度の梯列即ち単梯陣と成るべし。此三種の内、隊形の正面として最も適当なるものは縦列の正面ならざる可らず。是れ本来単艦攻撃力の大部分が其正面にあらずして側面にあるのみならず、其運動力が縦動のみに限られ寸毫の横動を許さゞるに基因せるものにて、隊形制定の主要々旨として一定の方面に戦隊の最大攻撃力を発展し、其正面変換を迅速且つ容易ならしめんには、唯だ縦列に於て之を充たすを得るのみ。其他隊列の整頓屈伸自在なるもの、即ち所謂柔軟（Flexible）にして操縦に便なるものも亦縦列なり。之を卑近の物に例ふれば横列又は梯列を操縦するは恰かも棒を取扱ふが如くなるも、縦列は尚ほ鏈を取扱ふに似たり。其操縦の難易固より同日の論にあらず。故に単縦陣は現時の艦型が変形せざる限り、永遠に最良無二の基本隊形たるを失はざるべし。但し之を操縦するに当りては縦列を基本として適宜横列及梯列をも混用すべきは言ふを俟たざるなり。

然りと雖も前段に述たる如く単列陣形には其縦列なると否とを問はず、列艦互に其信号を遮蔽して通信速度を減ずるの欠点あり。此欠点を補除せんがため単縦陣の変形として**第三図**に示すが如き一種の鱗次陣形あり。此陣形は従来米国海軍に於て航行隊形に常用さるゝものにて、其目的とする処は之を単縦陣と同一に操縦し、主として信号の速度を増加し、傍ら霧中航行の際隣艦の近接を予防するにあり。但し戦闘の際は

第三図

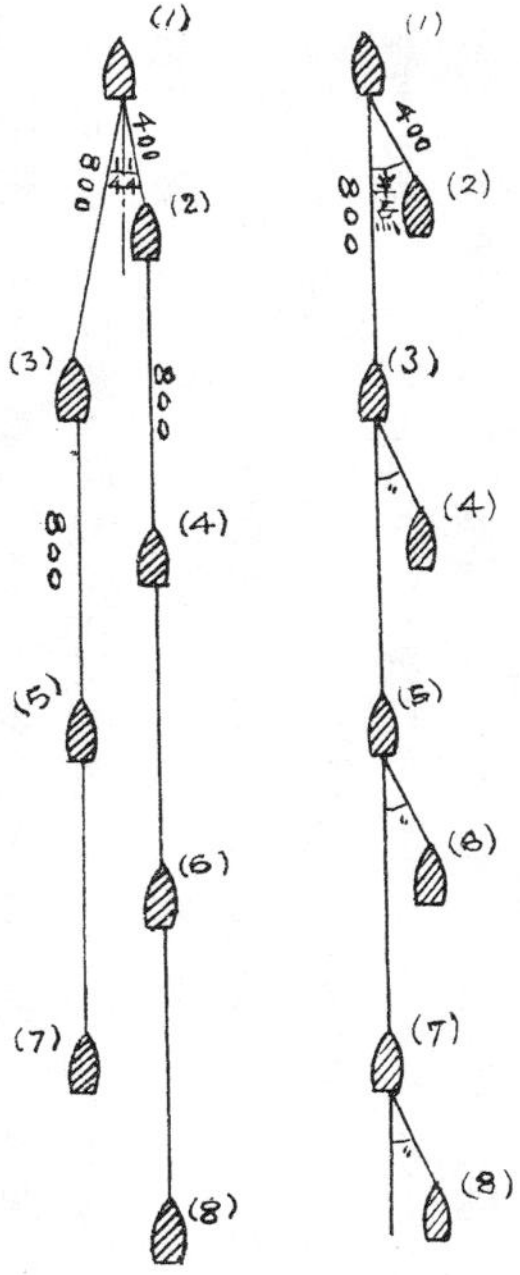

単縦陣の隊形屈折若は彎曲すること多く、従て列艦互に其信号を遮蔽せざるが故に、戦闘隊形としては此鱗次陣形を採用せず。

（列艦の距離）

戦隊の基本隊形を単縦陣と定むれば其列艦の距離を幾何米突に調整すべき乎。兵力集中の原則より打算すれば距離は可成的短縮するを可とす、然れども密集は被害を局限し難きのみならず、友艦互に其動作を妨礙するの不利あり。故に或る程度迄疎散ならざる可らざるも亦戦術の要旨なり。即ち密集に過ぎず、疎散に失せざる適度の距離を求めざる可らず。現時の艦船の全長及其運動力に考へ、我が隊列に対する敵の遠距離魚雷の攻撃、并に回転圏の異同より生ずる一斉回頭の危険等を顧慮するときは、蓋し四百米突は其消極にして最も適当の距離なるべし、即ち一箇戦隊の全長二千八百米突にして、現時の海戦に於ける近戦距離に対し、戦隊の展開幅員としても亦適良なるものなり。

（列艦の序位）

戦隊を編組せる列艦の艦型同一にして其戦闘力に等差なきときは、列艦は如何に之を配列するも戦術上に利害の関係なく、為し得れば総艦同型同質なるを可とす。然れども造船術の進歩に伴ふべき艦型の異同は到底免る可らざるを以て、列艦の序位にも亦考慮を要す、即ち其要件左に列挙するが如し。

一、最大防禦力の艦を列端に近く配置するを要す

（理由）隊列の最弱点は其端末にありて敵の攻撃を蒙ること最大なればなり

二、最大速力の艦を列端に近く配置するを要す

（理由）正面の前後を問はず隊列を整頓するに当り後半の列艦は増速を要するものなればなり

三、最大回転力の艦を列端に近く配置するを要す

（理由）回転圏の大なる列艦が中部に位するときは一斉回頭に当り隊列を乱し易きを以てなり

四、最大攻撃力の艦を列端に近く配置するを要す

（理由）隊列の端末にある列艦は最大攻撃力を発揮するを要する場合多ければなり

五、最先任官の艦を列端に近く配置するを要す

（理由）正面の前後を問はず隊列の嚮導に便なればなり

前記の五要件は固より同時に充たすこと難く、往々利害矛盾することあるべし。此の如き場合に於ては前段列記の順序に準ひ重きを置かざる可らず。就中必要なるものは其第一項にして、第五項艦長任官の先後の如きは必ずしも深く拘泥するの要無し。

何となれば苟も艦長たるものは其任官の先後に拘らず、隊列を嚮導するの器量あるべきものなればなり。

（指揮艦及通報艦の占位）

戦隊指揮官及各小隊指揮官は単縦陣を形成せる列艦の何れに坐乗すべきやに就ては全然反対せる左記二様の主義あり。

一、戦隊指揮官は先頭艦に、先任小隊指揮官は殿艦に後任小隊指揮官は四番艦（参謀長小隊指揮官を兼ぬることあるときは先頭艦）に乗艦するもの

二、戦隊指揮官は中央艦（四番若は五番艦）に各小隊指揮官は先頭艦及殿艦に乗艦するもの

前者は即ち緒戦期の機動に重きを置き、戦隊指揮官の意図を以て其隊を嚮導し、若し正面を反転するときは先任小隊指揮官をして戦列を嚮導せしめんとするの主義にして、我国及米国海軍等の常用せる処なり。又後者は即ち戦隊指揮官をして危害多き列端を避け、終戦期迄全隊の運動を監督するに便易なる中央に自重せしめ、戦列の嚮導は各小隊指揮官に委任せんとするの主義にして、英国其他の海軍に於て之を唱道実行せるものあるを見る。両者何れも利害得失ありて主義としては共に理想に適せり。然れども古来実戦の教訓及士気の関係等を考察するときは、吾人は前者に同意せざるを

得ざるなり。何となれば緒戦期に於ける適良なる指導が戦勝の端緒を開きたる戦例最も多く、戦隊指揮官としての責任は此時已に其大部分を了れるものと謂ふべければなり。

前記二法の外、尚ほ戦隊指揮官は独立旗艦に坐乗するの説あるも、一箇戦隊毎に戦列に立たざる一艦を割くは兵力の経済上到底許さる可きものにあらず。

又二隻の通報艦は何処に占位すべきか。先頭にある戦隊指揮官の信号を中継し、以て通信速度を増加せんには、三番艦及六番艦の各正横六百米突に占位するを最も適当とす。然れども戦闘中は信号中継の必要少きのみならず、隊外の伝令及敵駆逐隊等の奇襲に対し、我が列端の警固を要するが故に、非戦側に於て列端の斜前及斜後各六百米突に占位するを可とす。

○前段述べ来りたるが如く、戦隊の基本隊形は単縦陣を措て、他に求むべきもの無し。而て之を操縦するに当りては、一斉回頭の角度の大小に依り、一時或は単横陣となり或は又各角度の単梯陣を形成することあるも、常に其基本たる単縦陣に復元すべきものとす。此基本戦闘隊形は航行及碇泊隊形にも適応するが故に、此以外に小隊陣形、分隊陣形或は両翼梯陣等の如き異種の隊形を設くるの必要あらざるなり。隊形の種類雑多なるは運動法を複雑ならしむるのみにて、本来隊形の由て生じたる戦闘及航泊の目的に対し何等の益無く、却て其害の大なるものあり。人或は諸種の隊形を設け、以て訓練の目的を達せんとするものありと雖も、凡そ教練の法簡より雑に入り、漸次に最終の達域に練入するを道とし未だ雑より簡に入る如きものあらず。加之単に単縦陣のみの運動すらも、之を真面目に訓練して、遺憾なく戦術上の諸要求に応ずるを得せしむる迄には、尚ほ一年有余を要し、艦長の交迭年を越へざるが如き海軍に於ては訓練の時日なきに苦むを常とす。然るを況んや雑多の隊形及其運動法あるに於てをや。惟ふに此の如き複雑なる隊形及其運動法を設くるときは、如何なる指揮官が戦隊に長たるも、遂に其操縦に熟達し安じて戦陣に臨み得るの日は来らざるべし。

第三節　水雷戦隊の隊形

○水雷戦隊の編制は通報艦一隻及二箇水雷聯隊より成り、水雷聯隊は二箇駆逐隊若くは艇隊より成り、駆逐隊艇隊は四隻の駆逐艦又は水雷艇より成ること已に前章に述べたる如し。以下主として駆逐艦を本位とし、先づ其戦闘単位たる駆逐隊の隊形を制定して、次第に水雷戦隊の隊形に及ばんとす。

○駆逐艦の隊形

隊形制定の要旨に準拠するときは、駆逐隊の基本隊形は指揮艦嚮導の単縦陣を最も適良とし、其列艦の距離は二百米突を適度とす。即ち隊列の全長六百米突なり。戦術上の要求に適応せんには列長は可成的短縮して緊縮隊形たらしめざる可らざるが故に、艦型及速力の増大するに従ひ、二百米突の列距離を危険なりとすれば第四図の如き鱗次単縦陣を用ふるを安全なりとす。此鱗次陣形は素より単縦陣と同一に操縦するものにて、之れがため特別の運動法を設くべきものにあらず。

駆逐隊の隊形は前記単縦陣と鱗次単縦陣の外特種の隊形を制定するの必要を認めず。隊形の雑多なるは運動の複雑を来たし、却て必要なる訓練の進歩を妨ぐること前節戦隊の隊形に就きて詳論したるが如し。独国海軍に於ては水雷艇隊の編制五隻なるが故に、一種の後翼梯陣を設け之を単縦陣の如くに操縦し、以て其隊形を緊縮すれども、未だ戦闘及航行の目的に適するものと認め難し。

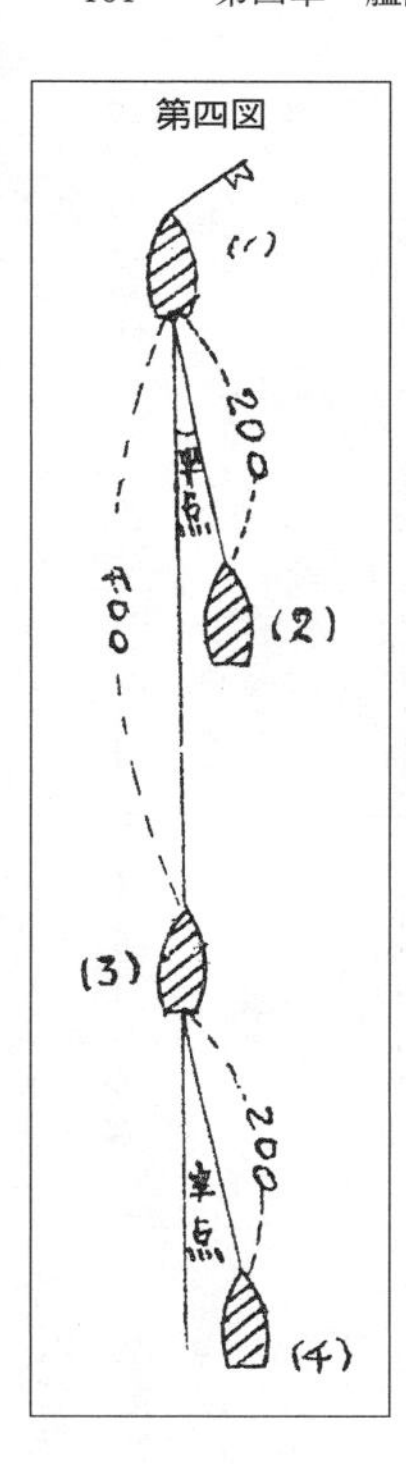

第四図

第五図

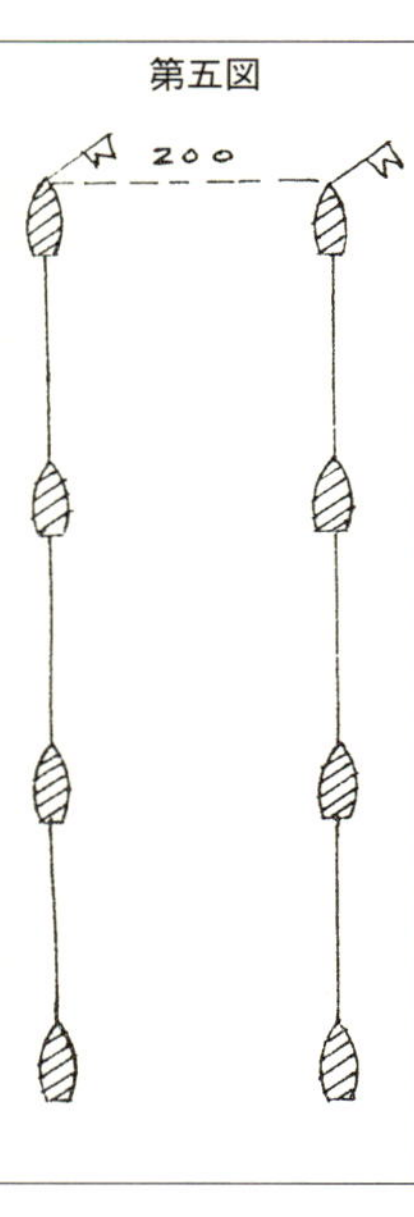

○水雷聯隊の隊形

水雷聯隊を編成せる二箇駆逐隊は水雷戦と砲戦とを問はず常に協同動作すべきものにて、或は集結して一群を成し敵に対し、或は連繫して二方面より同一の目標を攻撃することあるを以て、其隊形は両隊相互の運動を阻害し、射線を遮蔽するものならざるを要す。此の如き隊形は単列の外に之を求むる能はざるが故に、水雷聯隊の基本隊形も亦二箇駆逐隊を連接せる単縦陣ならざる可らず、即ち其隊列の全長一千四百米突なり。然れども此両隊の指揮艦は屢々通信のため第五図の如く並頭して航行するの便利なることあるべし。故に基本隊形単縦陣の外特に此並列隊形を設け置くを可とす。而て其正面変換は其角度の大小に拘らず、内方隊の減速と外方隊の増速とに依りて之を行ふものなり。英国海軍等の駆逐隊は其平時の航行に於て大抵此並列隊形を執り、熟練に依り宛かも単縦陣の如く巧に之を運用するを見る。

○水雷戦隊の隊形

水雷戦隊の二箇聯隊は戦闘に当り大抵分離して行動するものにて、同時に同一攻撃目標に対し集結して運動すること殆んど稀なり。故に水雷戦隊を一団となしたる戦闘隊形を設くるの必要なく、唯だ其指揮艦嚮導の下に編隊航行するの隊形あれば足れりとす。而て此航行隊形は各水雷聯隊の基本隊形を維持すると同時に各隊の通信を容易ならしむるため、可成的其全長を緊縮せるものなるを要す。此の如き要求の下に水雷戦隊の隊形を制定せば蓋し第六図に示すが如きもの、外、之れあらざるべし。

前記第一陣形は単に両聯隊を一縦列に連接したるものにして、其全長三千米突を超へ、通信の不便少からずと雖も、出入港若は狭水道を通過する場合には此隊形の外用ゆべきものなし。第二陣形は即ち第一陣形の欠点を補足するため、洋中の航行隊形として用ふべき並列隊形にして、其全長は緊縮して聯隊に等しく、且つ通信も比較的自在なるべし。然れども此隊形にては各聯隊分離の行動を執らんとするに際し、両隊相並頭せるがため、右隊左に出て、左隊右に出るに便ならざるが故に、更に第三陣形を設けて此の如き場合に応ずるを得せしむ。即ち其先頭聯隊は適宜増速して、先づ所要の方向に向針し、後続聯隊は先頭聯隊の運動を妨げ或は之れに妨げらるゝことなく、適宜後方より其目標に向針せしむるものなり。此の三種の隊形あるときは水雷戦隊の編隊航行の目的に対する諸要求に適応するを得べし。

○以上は水雷戦隊の単独航行の目的に応ずる隊形を述べたるものなり。然るに又水雷

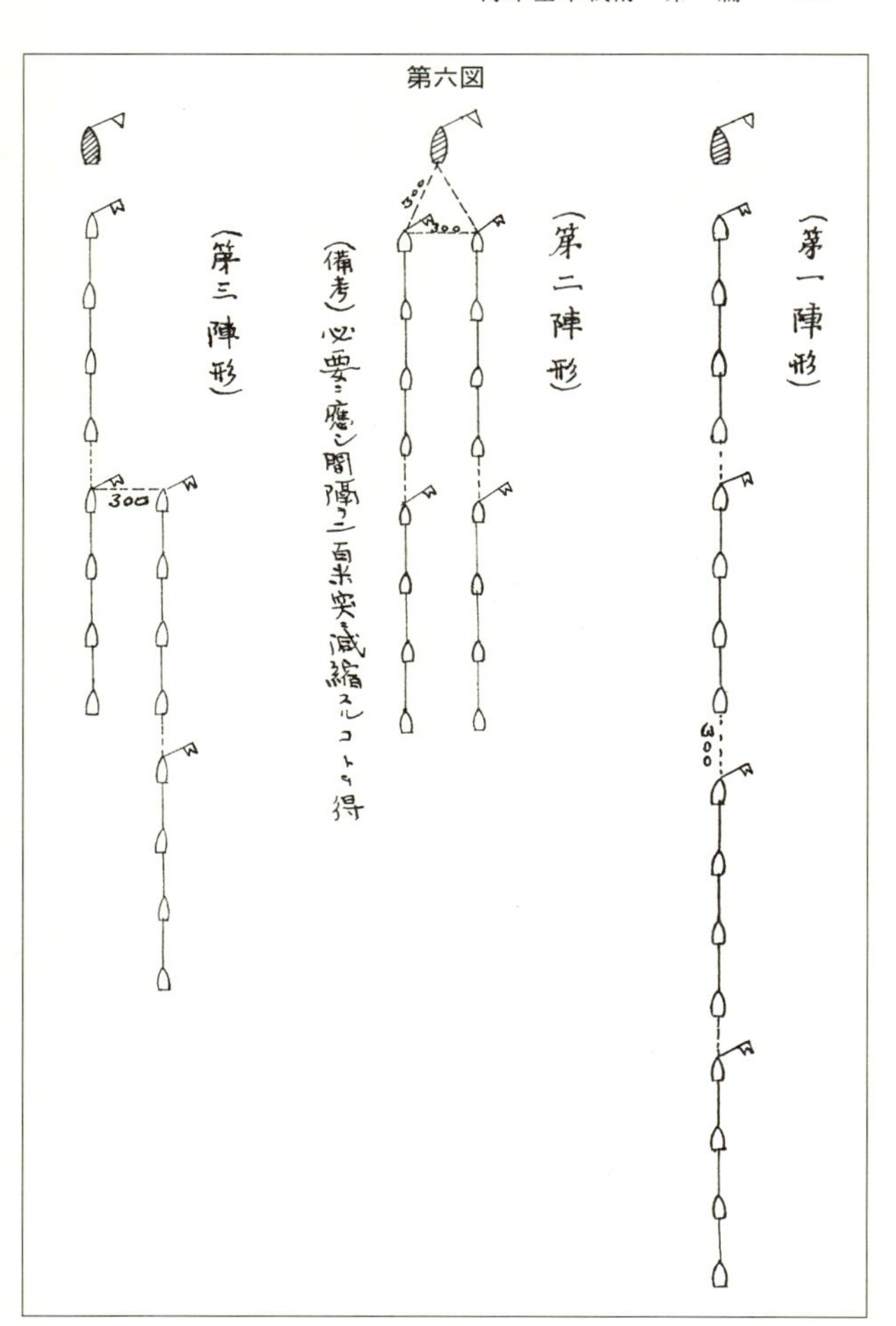

第六図

戦隊は屢々戦術上の必要に依り、戦隊に随伴して之れと運動を共にすべき場合あり。此の如き場合に於て水雷戦隊は戦隊に対し如何なる位地に占位すべきかを攻究し置かざる可らず。

戦隊が水雷戦隊を伴ふときは、戦隊を以て主隊とし水雷戦隊を副隊とすべきは言ふを俟たず。故に水雷戦隊の占位は戦隊の運動を阻害し且つ其射線を遮蔽せざると同時に、常に戦隊指揮官と呼応の距離にありて必要に応じ戦隊の両側何れにも転位するに便易ならしめざる可からず。如上の要求を充さんには水雷戦隊を二分して戦隊の斜前及斜後に占位せしむるの外なく、其隊形は即ち**第七図**に示す如きものとなるべし。

第七図

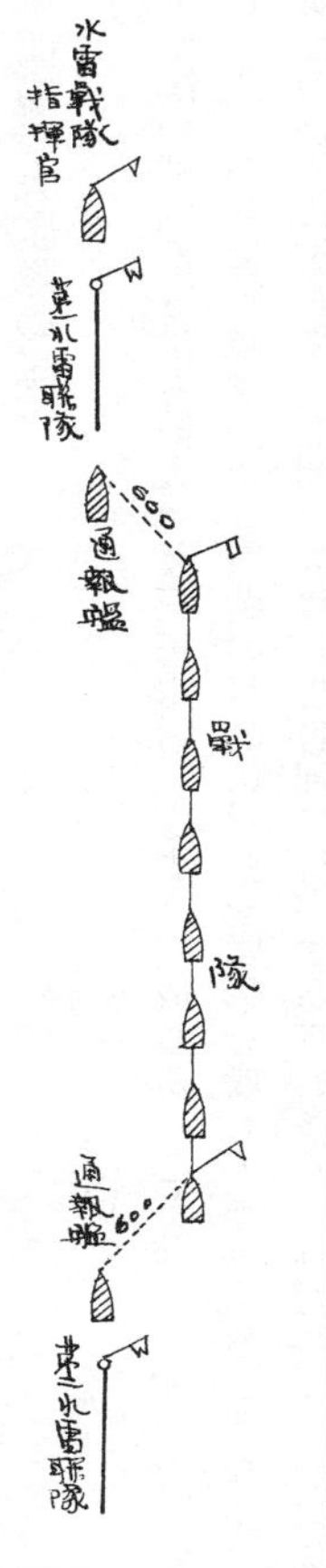

第四節　大艦隊の隊形

○大艦隊の戦闘部隊は六箇戦隊及三箇水雷戦隊より編成さるゝこと前章に述べたるが如し。此等の各種戦隊は固より戦闘の目的に対し一隊形を成して運動することなく、又航行の目的に対しても数団に分離して各別に行進すること多く、唯だ時々一団に集結して編隊航行するの必要あるのみ、故に大艦隊の隊形は左記三様の要求に応じ得る如く制定し置くを便利なりとす。

一、六個戦隊の隊制
二、三個水雷戦隊の隊制
三、六個戦隊及三個水雷戦隊の隊制

以下此区別に準ひ逐次に其隊形を攻究説明せんとす。

○六個戦隊の隊制

凡そ数個の部隊を集結して大隊形を合成するに当り、先づ顧慮すべき事項は概ね左に列記するが如し。

一、各部隊個々の運動を容易ならしむるため、其基本隊形を維持せしむること

二、各部隊個々の伸長若は列位の不正が其隣隊に影響せざるため、各隊間に適当の間隔を有せしむること
三、各部隊が分離の行動を執るべき場合に際し相互の運動を妨害せざるため、各隊間に適当の間隔を有せしむること
四、各部隊間の呼応連絡を容易ならしむるため、可成的各隊の配列を緊縮すること
前記の四要項を同時に顧慮して、航行の目的に対する諸要求に応じ得べき隊形を案画するときは少くも**第八図**に示すが如き四種を設けざる可らず。即ち六個戦隊を其隊号に準じ、八百米突の間隔を置きて、縦列、鱗次列、並列及方列の四様に配列したるものなり。而して其第一陣列は縦長十海里を超へ首尾相応すること難く、素より之を緊縮隊形と謂ふ能はざるも、奈何せん出入港其他狭水道の通過等には此隊形の外他に執るべきものなし。故に或程度迄之を緊縮して第二陣列を設け、更に其緊縮の度を高めて第三及第四陣列を設けたり。就中第四陣列は最も緊縮するが故に通信の便易なること言ふを俟たずと雖も、其広正面なるため正面を変換するに困難なるのみならず、各隊分離の運動を執るにも亦其不便少しとせず。故に此隊形は戦闘開始前の陣列即ち所謂戦闘陣列等には之を適用すること難く、唯だ洋中の通常航行等に之を用ゆることあるのみ。蓋し戦闘陣列として最も適良なるものは第二陣列（鱗次陣列）ならん。

第八図

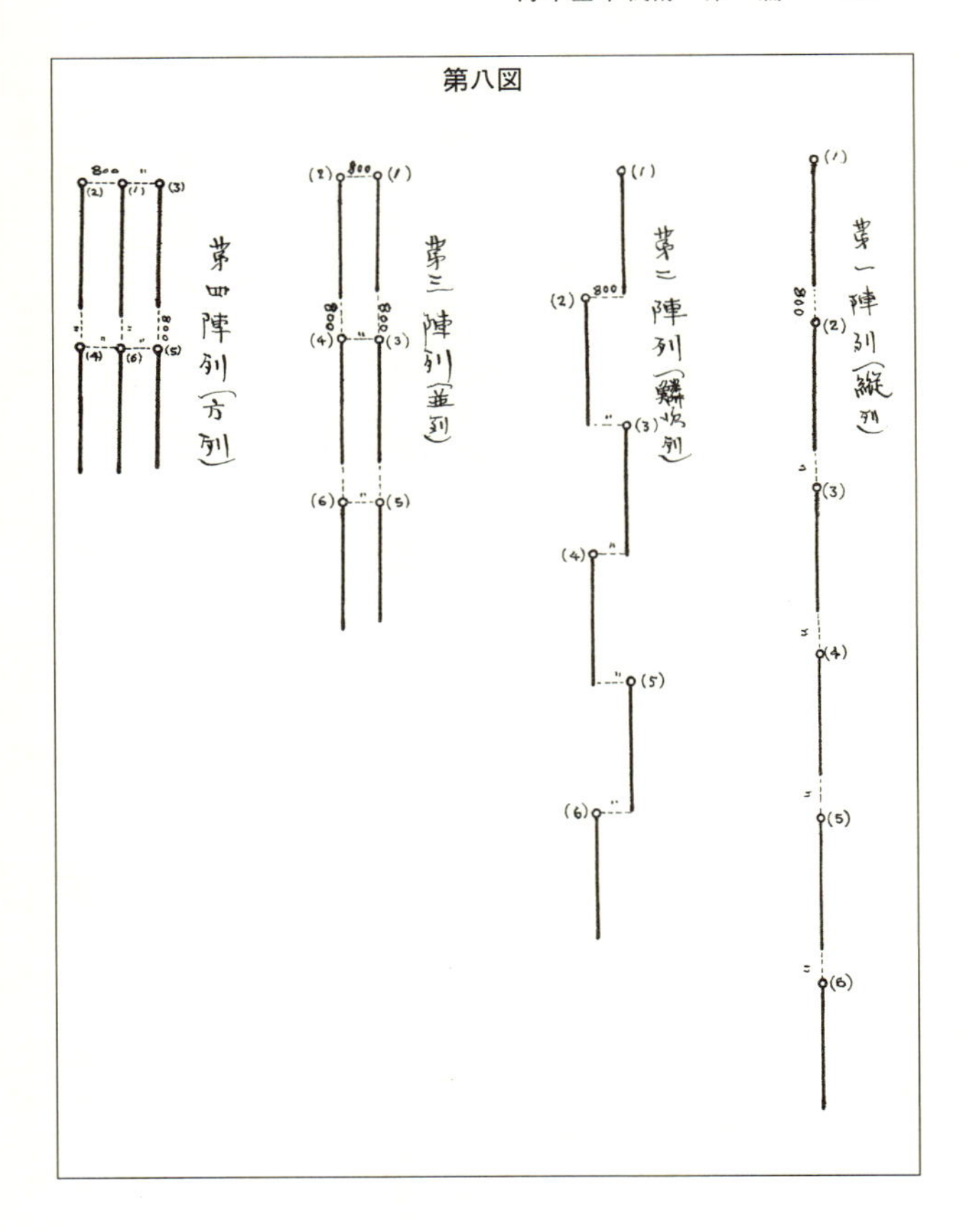

前記各種の隊形に於ける各戦隊の間隔を八百米突としたるは其基準を示せるものにて、航行の際は各戦隊の伸縮若は列位の不正等より生ずる差隔を予算し、此基準間隔の内外各二百米突の伸縮を許すものとす。

又此等各種の隊形は六個戦隊悉く集合せるものとし、其隊号に準じて其占位を制定したりと雖も、大艦隊の一部は大抵警戒、捜索、偵察等の如き特別任務に従事して分散しあるべきを以て、常に隊号に基き隊制を立つること難し。此の如き場合に於ては予め定められたる序列の番号に準じて現在せる各戦隊を配列するものとす。

如上四種の隊形の外、尚ほ大艦隊の隊形として横陣列、梯陣列、後翼陣列等なきにあらざるも、航行の目的に対する便否は孰れも小異なるが故に、寧ろ隊形の多種より生ずる運動法の複雑を避け、簡約なる四種に止むるを適良とす。但し碇泊の目的に対する隊形は別に之を設くるも可なり。

〇三個水雷戦隊の隊制

水雷戦隊が個々に航行するときは前節に述べたる其固有の隊形に拠るべしと雖も、大艦隊編制の下に三隊を合同して航行するときは又別種の隊制なからざる可らず。

此隊制は簡約を趣旨とし、凡て前記六個戦隊の隊制に準拠す。即ち三個水雷戦隊の各聯隊を本位とし、六個水雷聯隊を以て合成するものとす。但し各聯隊の基準間隔は

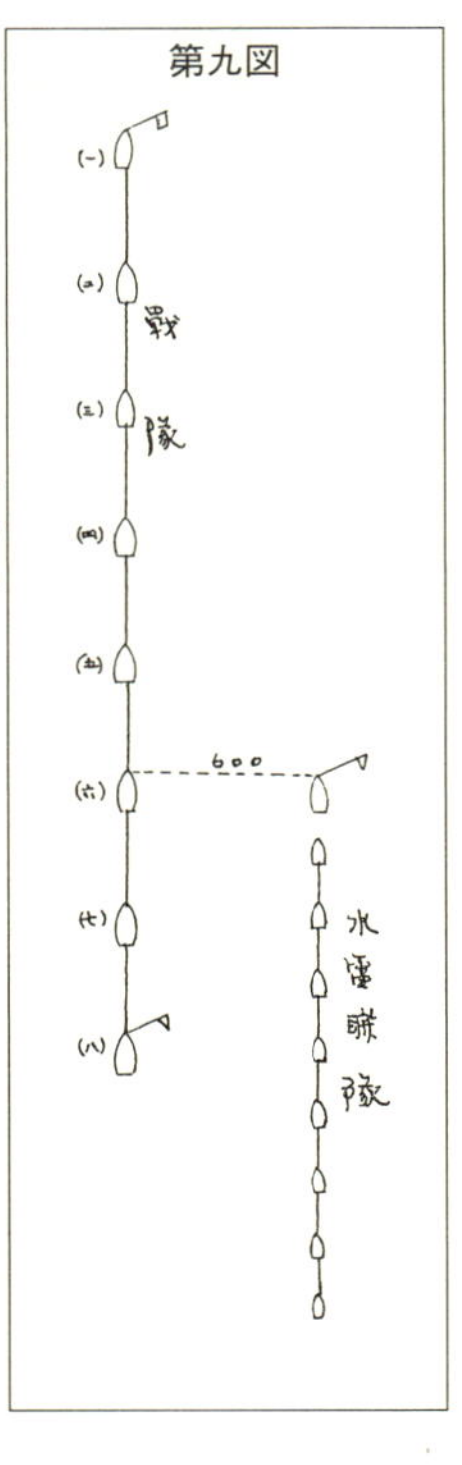

四百米突とし、内外百米突の伸縮を許し、各水雷戦隊の指揮艦（通報艦）は其麾下先任聯隊の先頭に占位するものとす。

○六箇戦隊及三箇水雷戦隊の隊制

大艦隊を操縦するには大抵其戦隊と水雷戦隊とを各別に集団し、二団と成して運用するを便なりとす。然れども亦時に全戦闘部隊を一団に集結して航行するの必要なしとせず。是れ茲に此隊制を設くる所以なり。

此合同隊制も亦簡約を趣旨とし、前記したる六個戦隊の四種隊形を其儘変ぜずして、**第九図**に示すが如く、水雷戦隊の各聯隊を各戦隊の後側に於て戦隊の六番艦と六百米突の間隔に並頭せしめ、以て全隊の隊形を**第十図**に示すが如くす。但し此図に於ては各戦隊及其配属水雷聯隊の隊号を同一ならしめあるも、作戦其他の必要に応じ、此配

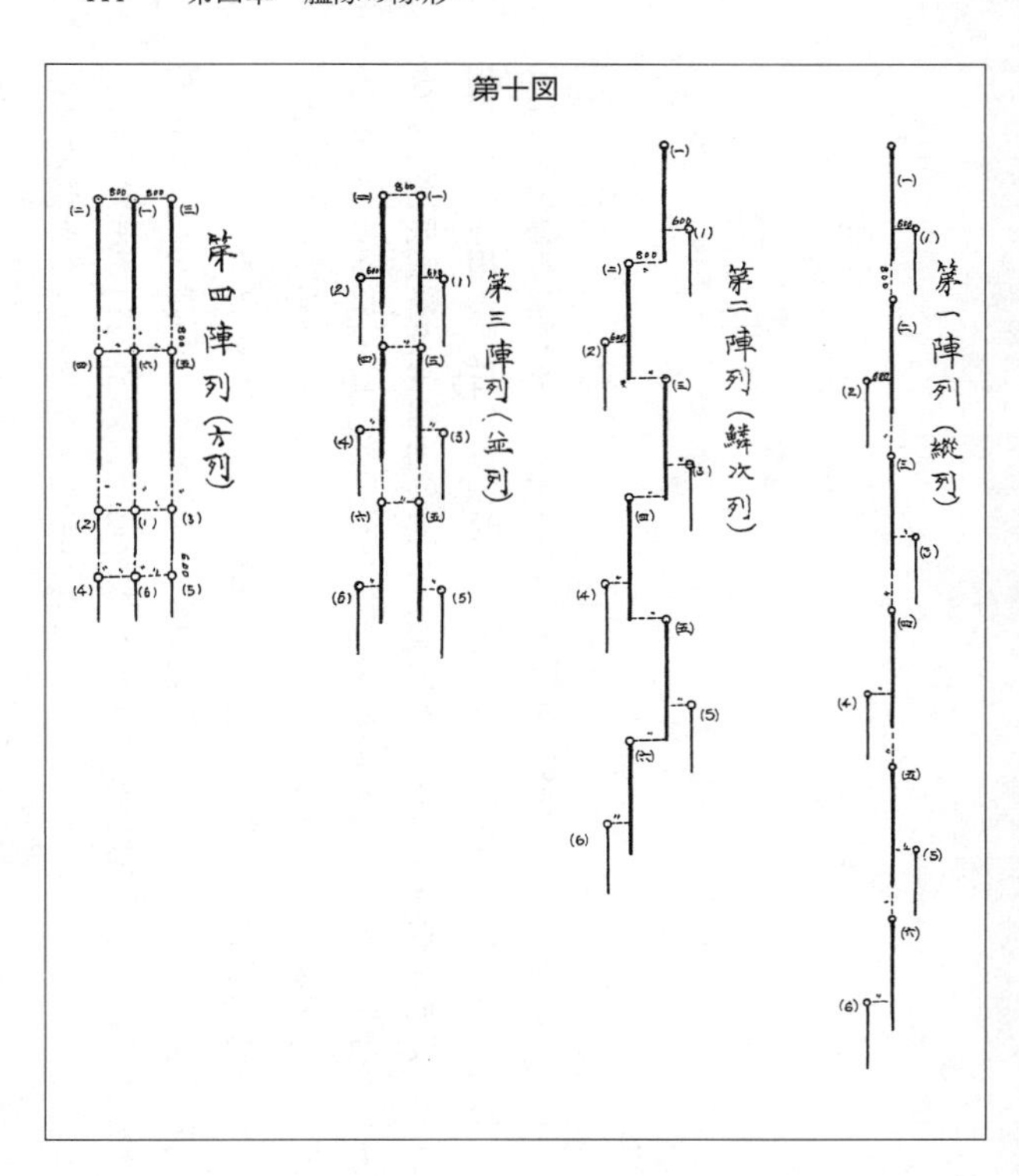

第十図

属を転換し得ざるの限りにあらず。

○之を要するに、前段に列叙したる大艦隊の各種隊制は之を編組せる各部隊の基本隊形を維持し、危険に対する安全なる間隔を保有せしむると同時に、為し得る限り之を緊縮したるものなり。故に其基礎たるべき各部隊の基本隊形整頓せざるときは大艦隊の隊制は成立するものにあらず。若し基本隊形の運用未熟なる部隊を以て之を形成せんとするときは適宜に此間隔を伸長するを安全なりとす。然れども安全のみを希ふときは、到底戦術及戦略上の要求に適応すべき緊縮隊形を形成すること難く、終に或る程度迄は運用の妙技に依頼せざる可らざるに至るものにて、熟練なき艦隊の運動は如何に安全なる隊形を以てするも尚危険あるを免れざるなり。

第五章　艦隊の運動法

第一節　総　説

○艦隊の編制及隊形已に定まる、次に攻究すべきものは艦隊の運動法なり。編制と隊形は理想の整美に合ふと雖も、唯だ是れ不動不変の形以下に止り、之を形以上に活動せしむべき運動法其宜きを得ざるときは、未だ以て戦術上の諸要求に適応する能はざるなり。

○夫れ軍隊運動の方法種々ありと雖も、其目的とする処は、要するに左記の三件を遂行せんとするに外ならざるなり。

一、所要の位地に其隊位を移動若は静止せしむること

二、所要の方向に其隊面（正面若は側面）を変向せしむること

三、所要の形状に其隊形を変換せしむること

曰く行進及停止、曰く斜行進、側面行進、転廻（即ち一斉回頭）、曰く並歩、早歩、駆歩（即ち微速半速原速）、曰く正面変換、隊形変換等の如き、皆な是れ前記の三目的を達せんとする手段に過ぎず。而して手段は敢て多技複雑なるを要せず、単簡にして其目的を達するに最も適良なるもの丶みを撰み、之れに習熟練達するを要義とす。銃隊操式及砲隊操式に於ける各種運動法已に然り。豈に艦隊操式（即ち所謂運動程式）に於て然らざるの理由あらんや。然るに由来列国海軍の艦隊操典を見るに単一なる運動の目的に対し多様の運動法を列記し、甚しきに至りては所要の目的無くして手段の末技のみを掲ぐるものあり。是れ蓋し前章に述べたる海戦中絶時代に於ける欧州海軍の虚飾的運動法なるべしと雖も、抑も又本末を顚倒せるものにして、敵に対し適当の時機に適当の兵力を適当の地位に在らしめんとする戦術の要求する処にあらざるなり。此故に茲に艦隊の運動法を攻究するには、敢て従来の遺法に拘泥することなく、唯だ能く前記の三目的を服膺して之を遂行するに最も適切なる手段即ち方法を求むるを至当とす。以下本章に説く処凡て此趣旨に拠れり。

○凡そ運動法の何たるを問はず、其要旨とする処は其運動の目的を達するに簡易にして迅速なること是れなり。簡易ならざれば混雑なる兵戦場裡に於て安全に之を遂行することを難く、為に友隊僚艦相撞乱するの危険なしとせず。又迅速ならざれば以て戦術上の要求に対し戦勢の変化に即応する能はず、為に屢々有利なる戦機を逸することあるべし。故に簡易と迅速は並立するを要すと雖も、簡易の安全なると迅速の危険なるとは往々相矛盾して、運動法の取捨に迷惑せざる可らざるに至ることあり。例ば現時の艦隊運動法に於ける等速力逐次運動法（列艦各其速力を変ぜずして逐次に其占位に着くもの）と異速力直行運動法（列艦各其速力を増減して個々同時に其占位に着くるもの）と其孰れを撰むべきやの如きも、唯だ簡易と迅速の程度の比較に外ならざるなり。然るに戦術上の見地よりせる要求は両旨共に必要にして、何れも其極端に失するを許さず。是に於て此両旨を調和すべき運用の熟練を必要とし、或る程度迄は熟練を以て危険を排除し、又或る程度迄は安全の為に緩慢に甘し、以て適良なる運動法を案画せざる可らず。蓋し熟練を無視するときは諸種の運動法悉く危険ならざるはなし。若し夫れ簡易にして且つ迅速なるものあれば其直行運動たると逐次運動たるとを問はず、之れ吾人の先づ採用せざる可らざる運動法なり。

○運動法其物の簡易にして迅速なるを要すると同時に、之れが実施に当り必要欠く可らざるものは、運動の基本たる各単位の運動力要素の検定なりとす。運動力要素とは即ち第一章第四節に記述したる速力即ち前進力、後退力及回転力等是れなり。此等要素の力量検定されざるときは仮令運動法は適良なるも之れを確実に実施すること難し。

故に海軍に於ては予め各艦艇の運動力を検定して運動要表を編纂し之を艦隊に配布す。而して之れに検定記載すべき要項概ね左の如し。

一、前進及後退（各種速力）に対する推進機関の回転数
二、前進（各種速力）中、機関を停止して艦の静止する迄の距離及時間
三、前進（各種速力）中、後退（各種速力）を行ひ艦の静止する迄の距離及時間
四、前進（各種速力）中、各種舵角に対する回転圏の縦長、横長及回転時間
五、前進（各種速力）中、片舷機を停止し、各種舵角に対する回転圏の縦長、横長及回転時間
六、前進（各種速力）中、片舷機の後退（各種速力）を行ひ各種舵角に対する回転圏の縦長、横長及回転時間
七、後退（各種速力）中、各種舵角に対する回転圏の縦長、横長及回転時間

（備考）前記の前進（各種速力）とは四節を最小とし以上二節乃至四節宛を増加せるものを謂ひ、又（各種舵角）とは五度を最小とし以上五度宛を増加せるものを謂ふ。

如上の検定事項は実に多端にして、之れが実施に少からざる時日と労力を要すと雖も、運動の基準たるべき此素識無くして艦艇は運用され得るものにあらず。若し茲に

真実一艦の操縦に巧みなる艦長ありとせば、其人は多年の熟練若は周到なる注意に依り、必ず此素識を有する人なり。艦隊運動の基礎も亦此に確立するが故に吾人は常に之れが検定を怠る可らざるなり。然りと雖も此等検定事項を記載せる運動要表なるものは終始必ずしも正確にして、之れに信頼し得べきものにあらず。何となれば艦船は其年齢と共に機関の運動力を減耗するのみならず、艦底の清汚、風浪の強弱等に依り常に一定の運動力を発作するものにあらざればなり。此故に新に一艦艇に長たるものは必ず先づ当時の現状に於て其艦の運動力要素を検定し（少くとも最要なる事項に就き）然る後艦隊に入りて僚艦と運動を共にするを要す。

○以上は各単位の長即ち艦艇長として留意すべき要件なり。然るに茲に又艦隊運動の実施に当り、艦隊指揮官として意を用ゆべき他の一要件あり。他無し、運動中常に艦隊各単位の意志を統一整合すること是なり。本来軍隊は個々の意志を有する各単位より成れり、此各単位の意志一致せざるときは右せんとするものは右し、左せんとするものは左して、到底団隊としての運動を遂行する能はざること論を竢たず。故に之を動かすに号令を以てし、其発動令に依り一斉に発動せしめ、号令なき限り一挙一止と雖も各単位の随動を許さず、即ち号令なるものは各単位の意志を統一整合する唯一の手段なりとす。而して陸軍軍隊の如き小部隊に於ては言令若は号音を以て号令し得と雖も、艦隊の如き音声の通達距離以外に排列せるものに対しては之れに代ふるに信号を以てし、其の下るを見て発動せしむること吾人が従来慣用せるが如し。斯くの如く号令の方法は軍隊の大小に準じ異れりと雖も、其趣旨の存在する処は唯だ各単位の意志を統一整合するに外ならざるなり。艦隊を指揮するもの若し此趣旨を服膺せずして、其麾下に対する号令を忽にし、濫りに各単位の随動を許し、或は其過動を匡さゞるときは、艦々の意志は漸次に其一致の結合を失ひ、卒て隊形の混乱撞着を来すに至る、特に最も留意すべきは艦隊の抜錨及投錨の時にして、此際所謂便宜抜錨若は投錨等を濫用して全隊の統御を弛むるときは、艦速の異同、風潮の影響等は艦々意志の不統一と共に益々衝触の危険を増加し、遂に又救済す可らざるに至ることあり。由来艦隊運動に於ける過失の原因多くは此こに発し、精細に之を質せば其責の指揮官に帰せざるもの少し、戒めざる可らず。乃ち指揮官たるものは其麾下諸艦の錨の地を離るゝ瞬間より其の地に着くに至る迄、終始其号令を厳明にして全隊の動機を掌握し、已むを得ざるの外濫に其統御を弛めざるを要す。

○以上艦隊運動法の目的及要旨并に運動の実施に関する一二要件を列記して之を総説とし、以下節を分ちて各種部隊の各種運動法を説明せんとす。

第二節　戦隊及水雷聯隊の運動法

本節は主として戦隊の各種運動法を説明するものにして、此運動法は又水雷聯隊にも通用さるゝものなり。但し水雷聯隊には其基本隊形以外に特種の並列隊形あるを以て、其陣形変換に就き、戦隊と異る点のみを節末に附記せり。

又駆逐隊及水雷艇隊の運動法も此運動法に準拠するものとす。

○戦隊運動の基準として先づ調定すべきものは、之を編組する各単位の協定速力及回転力にして、即ち左記の如く調定するを通則とす。

（速力）

全速　最劣速艦の全速より約二節を減じたるものとす

原速　通常の航海に必要なる航行速力にして大抵十節若は十二節とす

半速　原速と微速の中間速力とす

微速　舵の効力を失はざる最小速力にして大抵四節を下らず

（回転力）

舵角　最大回転圏を有する艦の最大舵角より約五度を減じ、各艦之れに相当す

るものを用ゆ

此速力及回転力共に二節及五度の余裕を置くことは運動の修正、隊伍の整頓及不虞の応急等に要するものにして、之を予備速力若は回転力と称し、必要に応じて之を用ひ得るものとす。（原速にも亦二節の予備速力あるものとす）若し此予備速力なきときは戦隊の速力を減ぜざる限り、一たび遠ざかりたる列艦の距離を復旧するの余力を有せず。又予備回転力無きときは一斉回頭等を行ふに当り、列艦互に回転を調整する能はざるなり。

○戦隊の運動は左記の各種より成れり。

一、行進及停止　二、速力変換及距離変換　三、一斉回頭　四、正面変換　五、陣形変換

即ち此順序に準ひ、逐次に其運動法を説明せんとす。

㈠行進及停止

○夫れ軍隊運動の基礎は行進にあり。行進に習熟せざる軍隊は未だ以て他種の運動法を教ふるに足らず。艦隊に於ても亦行進の教練最も必要にして、之れに熟達せざる戦隊に一斉回頭、正面変換若は陣形変換等を幾度行はしむるも、到底其の隊伍の整頓、隊形の正容及運動の敏速を期し得べきものにあらず。

○戦隊陣形を以て碇泊しあるとき、之れに行進を起さしむるには、先づ号令を以て一斉に錨を抜かしめ（指揮官は予め抜錨時間を指定し各艦の抜錨速度を等一ならしむるを要す、亦風潮の外感大なるときは近錨を以て揚錨の作業を区分するものとす）、各艦静止游離の姿勢を得ると同時に、必要に応じ、回頭信号及方位信号を以て各艦を同方向に向首せしめ、次て速力信号を以て一斉に発動せしめ、隊伍の整頓する迄少時微速又は半速を保持し、可成的速に原速行進の姿勢に移るものとす。之を一斉抜錨法と称す。

此一斉抜錨は逐次抜錨に比すれば簡易にして迅速なる抜錨法にして、発動後に於ける隊伍の整頓も亦最も迅速なりとす。泊地狭隘にして風潮の影響あるときに於ても、尚ほ此法は各艦の意志統一さるゝが故に比較的安全なるものにして、此場合に於ては発動の号令ある迄、各艦適宜に其機関を運転して其艦位を保持するを要す。戦術上の要求は戦隊が常に列伍を整頓して敏速に運動し得るの姿勢にあることにて、碇泊中不時に敵の出現に応じ機動せんとするに当り、抜錨発動及列伍の整頓に長時間を徒費するときは、屢々有利なる戦機を逸するのみならず、却て敵に乗ぜられ不利の境遇に陥ることとあり。一斉抜錨は此要求に対し最も適応するものなり。

泊地に於ける風潮の外感著しく強大なるか、或は初めより陣形を以て碇泊しあらざるが為め、港内にて隊伍を整頓して発動行進する能はざるときは、通常逐次抜錨法を用ゆ。即ち各艦をして近錨迄一斉に錨鎖を縮めしめ、次で隊列の序位に準ひ逐次に錨を抜き、先づ開距離にて港外に出で、然る後陣形を形成して行進するものなり。此抜錨法は比較的時間を要するが故に其必要ある場合の外之れを用ひず。而して若し此場合に於て常距離を以て出港せんとするときは却て初めより一斉抜錨法に依るを安全なりとす。

以上二種の抜錨法の外尚ほ所謂便宜抜錨の法ありと雖も、此便宜の範囲不確実にして各艦意志の不統一を来し、危険の原因たるが故に宜しく之を廃止するを要す。

戦隊洋中に漂泊しあるとき行進を起すには、「行進を起せ」の号令と共に行進方位を指示し、嚮導艦は直に発動して微速又は半速を以て指示方位に向針し、各後続艦は隊列の序位に準ひ之に続航し、隊伍整頓すると同時に原速に増速行進すること抜錨のときに於けるが如し。

○前段に列記せるが如く、戦隊已に原速にて行進するに至れば、其嚮導艦は終始一定の速力と針路を保続し、後続の諸艦は嚮導艦より逐次に制規の距離を保ち、若し過不及あるときは、適宜速力を増減して（要すれば予備速力を用ひて）制規の隊形を維持するものとす。然れども斯く言ふは易く行ふに難く、常に不変の距離を保持して、隊伍の整頓を乱さゞることは長時日の練磨を要するものにて、行進中屢々機関の回転数を増減する列艦ある間は未だ行進に習熟したるものにあらざるなり。故に各艦は行進の初めに当り、断へず其前続艦に対し、機関の回転数を調整し終に一定不変のものを検定し得る迄之を継続するを必要とす。若し単に既定の運動要表のみに頼るときは、艦艇当時の現状等に依り著しき差隔を発見すること多し。斯くして所謂一糸乱れず、其徐かなる林の如く行進し得るに至れば、即ち熟練の域に達したるものにて、是より夜中航行又は霧中航行に移るも寸毫の危険あることなく、又一斉回頭及正面変換等を続行するも隊列の壊乱すること少し。蓋し艦隊運動の教練中行進を以て最も重要とす。

（附記）霧中航行の際往々開距離半速等を用ることとあれども、之れ却て危険に近づくこと多し。何となれば開距離は音響の通達を鈍くし（常距離航行に於ても風下一番艦の砲声が風上の五番艦に達せざりし実例あり）半速及微速は速力の調整を失はしめ、率て列艦距離の伸縮を来せばなり（半速及微速の歩調は原速の如く整はざるを常とす）。

○行進せる戦隊を停止せしむるには、時の要求に応じて先づ漂泊若は投錨の準備を号令し、風潮の影響に考へ、適宜に半速及微速に減速し、然る後機関を停止し直に後退を行ひ静止するものとす。此時半速の時間は原速の惰力消滅する迄とし、次で微速となし半速の惰力消滅すると同時に停止後退を行ふを通例とす。若し減速の時間長きに過ぎるときは列艦距離の調整を失ひ、従て隊伍の整頓を乱るものなり。故に漂泊若は投錨せんとする位地予定しあるときは、減速を初むべき位地を予測するを要し、通常の原速を以て風潮の外感なき場合には此距離概ね一千乃至二千米突の間にあり。

停止の後戦隊を漂泊せしむるには、風潮の方向に考へ、漂泊方位を指示するを可とす。漂泊中各艦区々に向首するときは、再び行進を起すに少からざる時間を費すべし。但し長時間の漂泊の場合には通常先づ開距離に変じ横列若くは梯列を以てするを安全なりとす。

又停止の後投錨するには、通常停止後退を行ひ艦速全く静止するに及んで、列艦号令に依り一斉に投錨するを例とす。之を一斉投錨法と称す（艦速の惰力不同にして距離の調整不良なるときは各艦多少の修正を行ひ相前後して投錨せしむることあり）。

此一斉投錨は碇泊陣形を形成するに最簡にして且つ最も安全なる方法なれども、戦隊若し開距離にて入港し常距離の碇泊陣形に投錨するか、或は碇泊陣形が入港の陣形と同じからざるか、或は又第十一図に示すが如く入港の針路が碇泊線と一致せざるときは、逐次投錨法に拠らざる可らず。但し此場合に於ても可成的長く入港陣形を維持して全隊の統御を弛めず、先頭艦が殆んど投錨せんとするとき「逐次に投錨せよ」の信号を下し、列艦をして各自の錨位に直行投錨せしむるを可とす。若し此の解列早きに過ぎるときは忽ち各艦意志の不統一を来し、為に衝触の危険に陥ることあるべし。

戦隊一斉に双錨泊を行ふには微速より停止すると同時に第一錨を投下し、惰力に依り適当の距離を前進し第二錨を投下すると同時に後退するを通例とすれども、形容の整美を貴ぶ英国艦隊等にては半速より停止して第一錨を投下するもの多し。

第十一図

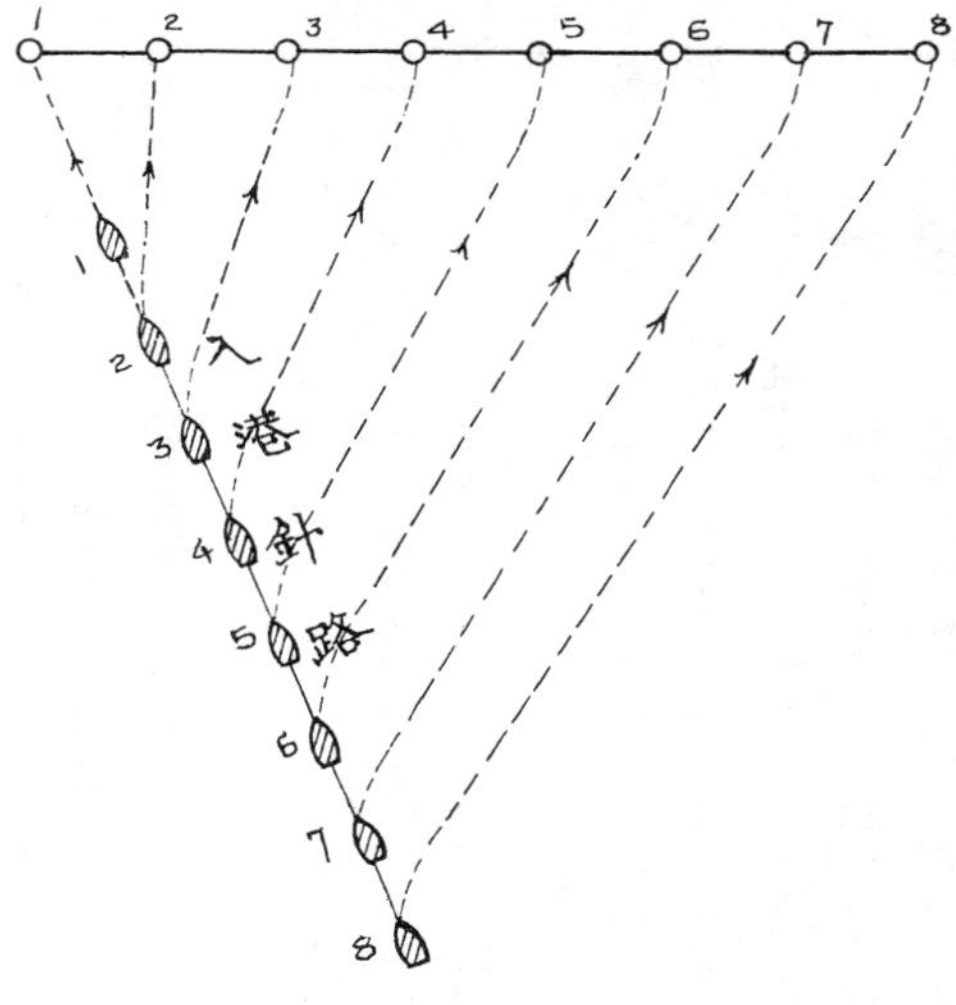

前記一斉及逐次投錨の外尚ほ便宜投錨の法ありて、泊地の情況予知す可らざる場合等に之を用ふることありと雖も、便宜抜錨と等しく其危険の度少からざるを以て、已むを得ざるの外之に拠らざるを可とす。而て若し之を用ふる場合に於ても、為し得る限り最終の時機迄入港陣形を保持するを必要とす。

之を要するに投錨の迅速にして安全なるは一斉投錨に如くものなきを以て、数箇の戦隊同地に碇泊せんとする場合等には各戦隊の一斉投錨を行はしむるを可とす。然らざれば独り投錨に長時間を徒費するのみならず、碇泊陣形の整頓得て望む可らざるなり。

(二)速力変換及距離変換

○戦隊行進中速力を変換するの必要は平戦両時共に屢々之あるものにして、特に戦闘中に於ける戦術上の要求最も大なり。例ば第十二図に示すが如く、甲戦隊は其敵たる乙戦隊に対し、今や敵の先頭を圧して我が全線の砲火を敵列の一端に集中せんとする好位を制するも、其儘前進するときは須臾にして此有利なる戦勢を失はざる可らず。此時若し之を長く保続せんとするには其速力を減ずるを最上とし、転廻（十六点一斉回頭）之に亜げり。此の如きは実戦に於ても亦兵棋演習に於ても吾人の屢々経験せる処にして、戦術上速力変換の必要あるは此一例を以て知るに足るなり。固より速力変換は隊伍の整頓を乱り易きが故に可成之を避けざる可らずと雖も、已に斯の如き必要ありとすれば、宜しく其方法を尽して之れに熟練せざる可らず。而て其最簡の方法は速力を第一戦闘速力（通常の全速を用ゆ）、第二戦闘速力（第一と第三戦闘速力との中間速力）、第三戦闘速力（通常の原速を用ふるを可とす、是れ之に習熟し居ればなり）及第四戦闘速力（是亦通常の半速を用ゆ）の四種に区別し、号令に依り列艦一斉に増速若は減速せしむるにあり。蓋し多度の訓練を積むときは必ず容易に変速し得るに至らん。唯だ之れに対し或は機関部員の異議あるべしと雖も、此の如き戦術思想を持して其機関を制御する能はざるが如き機関官は将校と戦功を分つべき戦士にあらざるなり。

○戦隊行進中列艦距離を伸縮することも亦時々の必要ありとす、狭水道の通航、小港の出入、漂泊の前後、大艦隊の運動等即ち是れなり。其方法「開距離（戦隊は八百米突、駆逐隊は四百米突）に配列せよ」「常距離に配列せよ」若は「列艦距離を何百米突に伸（縮）せよ」等の号令に依り、伸長の場合には殿艦より、又短縮のときは先頭艦より逐次に減速して距離を伸縮し、所要の距離を得るに及んで一斉に原速に復するにあり。

第十二図

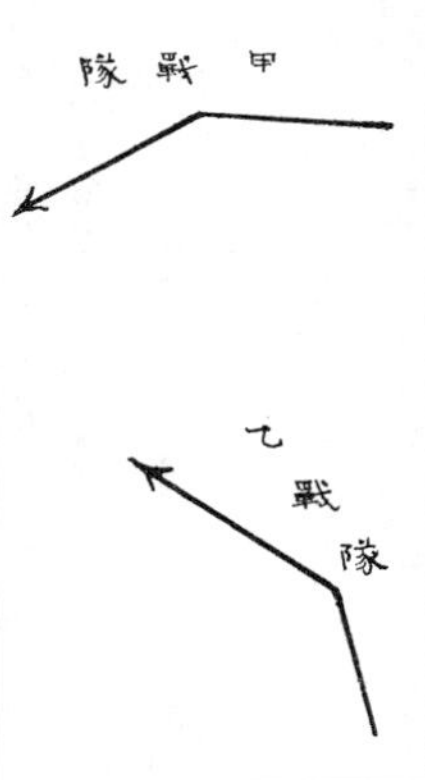

㈢一斉回頭（斜行進、側面行進及転廻）

○艦隊運動の目的の一たる「所要の位地に隊位を移動せしむる」には一斉回頭を以てするより迅速なるはなく、若し此目的に対し正面変換等を応用するときは、戦術上の要求に応じて戦機を獲得する能はざる場合甚だ多し。例ば第十三図(A)の位地に於て甲隊が其敵たる乙隊の其後尾に出んとする運動に即応せんとするには、直に十六点の一斉回頭を行ふの外なく、此際若し正面変換を行へば下図に示すが如く、単に現下の好位を失ふのみならず、却て不利の対勢に陥ることあり。戦隊の運動法として一斉回頭の必要なること之を以て知るに足るなり。而て此運動法に熟練するの要義は、先づ行進運動に依り速力の調整に習熟すると同時に回転（転舵）の調整に熟達するにあり。単に一定の舵角を以て回頭するとも、決して一斉回頭の妙域に練入し得らるべきものにあらず。

○一斉回頭の号令法に左記の二様あり。

一、回頭の方向及角度を同時に指示するもの。

二、先づ回頭の方向のみを示し其角度は回頭を終りたる後必要あれば之を指示するもの。

前者は即ち普通に常用さるゝ号令法にして、此信号を下すと同時に各艦転舵を始め、約二十秒の後協定舵角に達せしめ、指示の回頭角度に達する約二十秒前に転舵を弛むるものなり。此転舵の時間は指揮官予め之を指示するを要し、各艦は之を標準として其転舵の速度を調整すべきものとす。（艦型艦質に依り操舵を始めてより回転を始むる迄の時間に異同あるものなり）又後者は単に右舷回頭若は左舷回頭の一旗信号を檣頭に全揚し、之を半下すると同時に各艦前法の如く転舵し再び之を全揚すると同時に各艦転舵を弛め、次に之を全下すると同時に、基準艦に倣ひ各艦其方位に直進するものにして、要すれば最後に方位信号を掲示す。此後法は往年英国海軍にて之を試用したることあるも、前法に比し著しき利益あらざるを以て、其後之を襲用せるを聞かず。且つ同型同質の艦船を以て戦隊を編組するにあらざれば較や危険にして之を施し難し。故に一斉回頭は簡易なる前法のみを以て号令し、各艦をして転舵の調整に熟練せしむる

第十三図

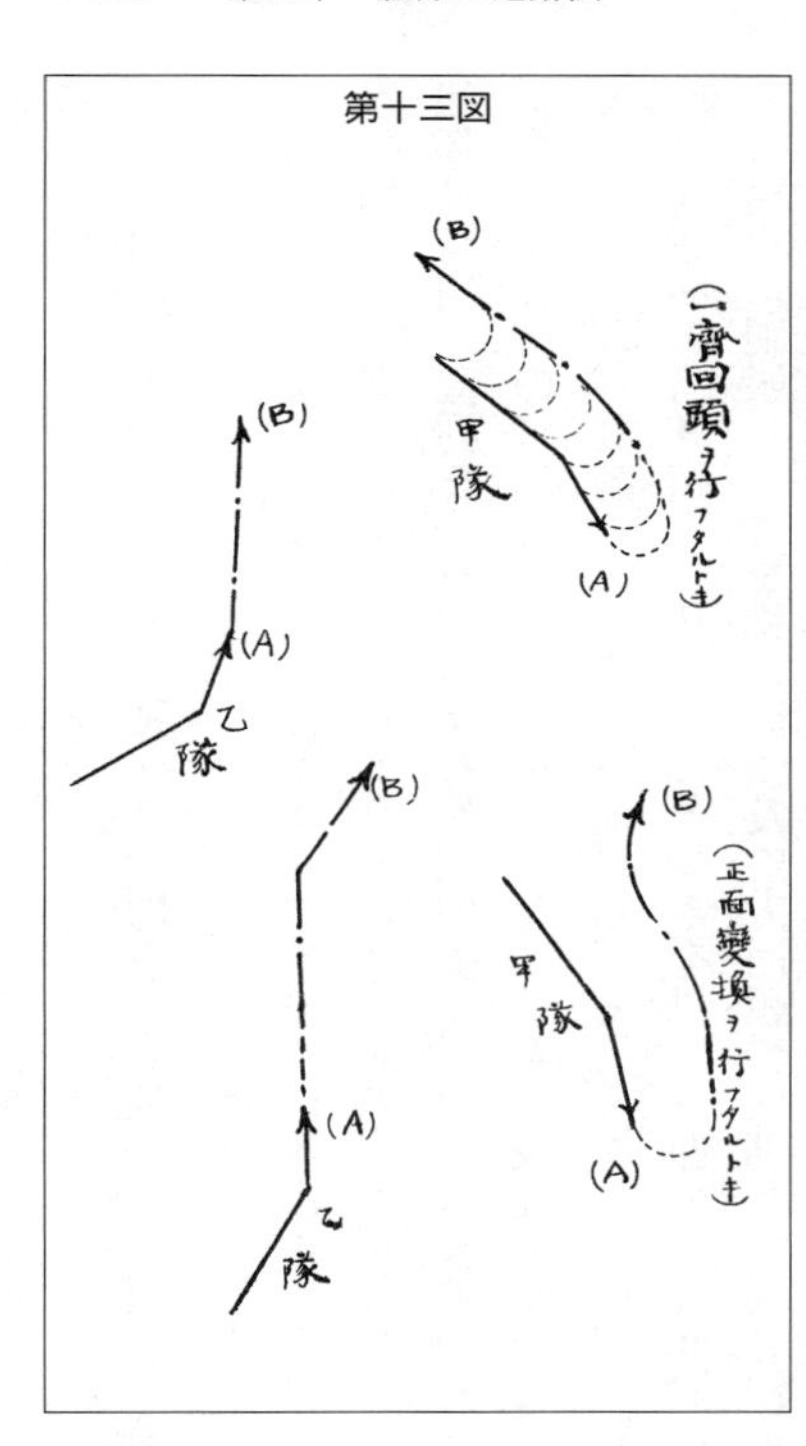

を可とす。

○一斉回頭の運動法にも亦二種あり。即ち㈠直列一斉回頭法㈡曲列一斉回頭法是れなり。

前者は普通の方法なれば茲に説明を要せず。後者は隊列の彎曲屈折せる場合に行ふものにして、戦術上の要求は却て直列よりも曲列に多しとす。何となれば八隻の単列戦隊は戦闘中直列を維持する場合比較的少く、而かも其の一斉回頭を要する戦機は大抵僅に二分時の経過を許さゞるを以てなり。若し戦闘中曲列にて一斉回頭を行はざるものとすれば、其戦術上の不利忍ぶ可らざるものあり。而て戦闘中に於ける戦隊の曲列は其屈曲の角度四点を超ふること少きを以て、曲列一斉回頭法も屈曲度四点以内にある場合に制限し、之を外方回頭及内方回頭に区別して其方法を制定するを適良とす。即ち外方回頭角度は十六点迄制限あらざるも、内方回頭角度は危険を予防するため四点以内に制限するものとす。（内方回頭角度は常に曲列の先頭艦の艦首方位を基準として指示す）例ば**第十四図**に於て四点の屈曲度を有せる曲列戦隊が内方に其最大一斉回頭（四点）を行へば図示の如き屈曲せる梯横列となるが如し。

○之を要するに一斉回頭は列艦転舵の調整に習熟するを最要とし、其号令法及運動法等は頗る簡易なるものなり。而て之を訓練するには先づ小角度の直列回頭法よりし、毎回一々基本隊形の単縦陣に復元して漸次に大角度に及ぼし、已に直列回頭の熟練を得るに至りて曲列回頭法の教練に入るを通則とす。

（附記）凡て一斉回頭に於て、通報艦は其占位に於て回頭するものとす。

㈣正面変換

○正面変換は主として艦隊運動の第二の目的たる「所要の方向に隊面を変向すること」にあり。但し戦隊は主として其側面を以て戦闘するが故に其正面変換は取りも直さず側面変換を目的とせるものなり。夫れ艦隊戦闘に於て戦術は各艦の戦闘力を最大に発揮するよりは先づ之を均一に発揮することを要求し、列中の艦々其戦闘力発揮の度に過不及あるを好まず。艦隊運動に於ける正面変換は本来主として此要求に基きて生ずるものなり。

第十四図

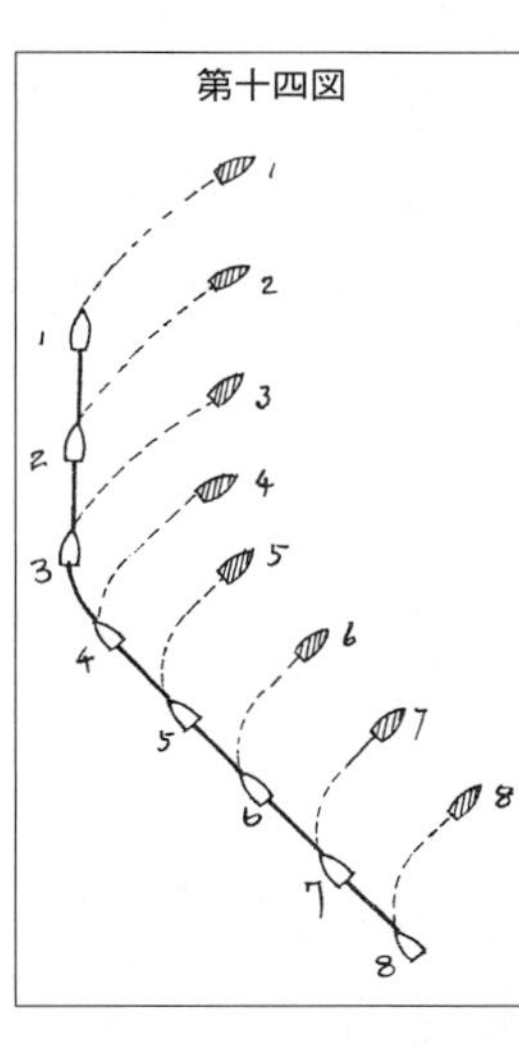

○戦隊基本隊形の正面変換に二種あり。即ち嚮導艦に倣ひ逐次運動を以てするもの、及基準艦に倣ひ直行運動を以てするものにして、前者は普通に行はるゝ処なるも、後者は近来英国海軍将校の一部に於て唱道実行さるゝものな

り。乃ち左に順次之を説明せんとす。

〇逐次運動正面変換は其号令に依り嚮導艦は直に指示の方位に回頭し、後続の諸艦は嚮導艦の回転したる位地に至りて、逐次に新正面に回頭して隊列を保持するものなり。此運動は一見簡易なるが如くにして其実然らず、多度の練磨を経ざれば正当に前続艦の航跡を踵て回頭行進すること難し。今試に新に編成されたる戦隊を以て右若くは左八点の正面変換を行へば、必ず其航跡は**第十五図**の点線に示すが如く外方に彎出し、従て列艦の距離漸次に増大するを発見すべし。之れ列艦逐次に正当の航跡を行進する能はざるが為めなり。而て其主なる原因は前続艦の艦尾の波痕（ウエーキ）が回転の為め其真正の航跡より外方に変出し、後続艦は見る能はざる真正の航跡よりは眼界に映ずる此波痕に準ふて転舵するを以てなり。故に各後続艦は転舵の数理に基き、恰かも前続艦の前檣附近に向首するが如く操舵し、其波痕の内方に深入して行進するを要すること**第十六図**を見て知るに足るなり。

第十五図

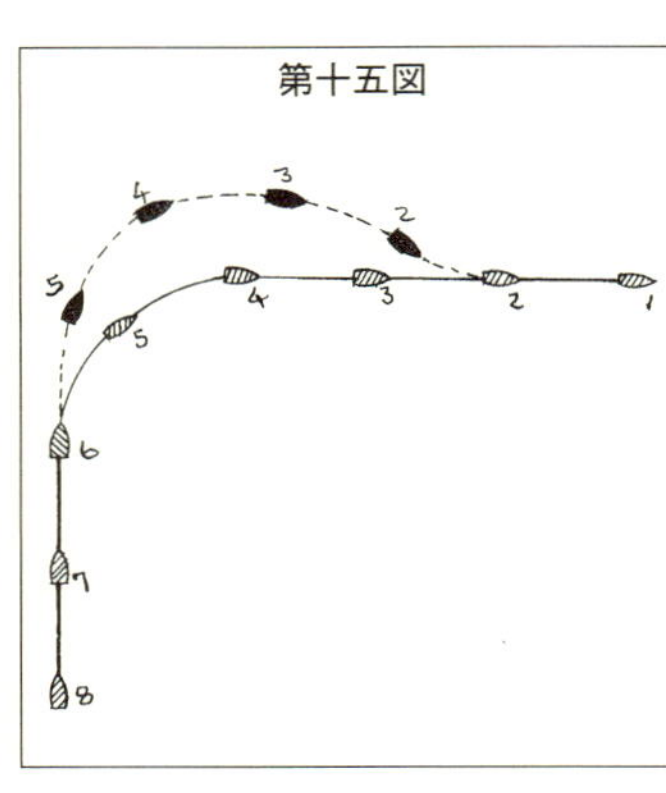

戦隊此運動法に熟練せざるときは戦闘中屢々其正面を変ずる毎に列艦の距離は須臾

にして益々伸長し、其後続艦は其予備速力を全用するも之を復旧すること能はず、終に隊列過長となり操縦意の如くならざるに至らん。而て平時之れを訓練するには、先づ小角度の正面変換より漸次に大角度のものに及ぼし、之れに習熟したる後更に蛇行運動を以て不期雑多の正面変換を続行するにあり。

○直行運動正面変換は英国海軍大学教官メー大佐の創意せるものにて、所謂DO運動法是れなり。其目的とする処は正面変換を可成的迅速にして戦陣の必要に応ぜんとするにあり。其方法正面変換の角度を四点以内に制限し、隊列の中央に位する二艦（十二隻編制の戦隊なれば四隻）を基準艦とし、此号令に依り第十七図に示すが如く基準艦は直に減速して新正面に逐次回頭し、又前後に位する爾余の列艦は増速し直行運動を以て新列位に着き、基準艦の標準旗の下るを以て原速に復するものとす。

第十六図

　此直行運動法は逐次運動のものに比し理想上有利なるが如しと雖も、速力

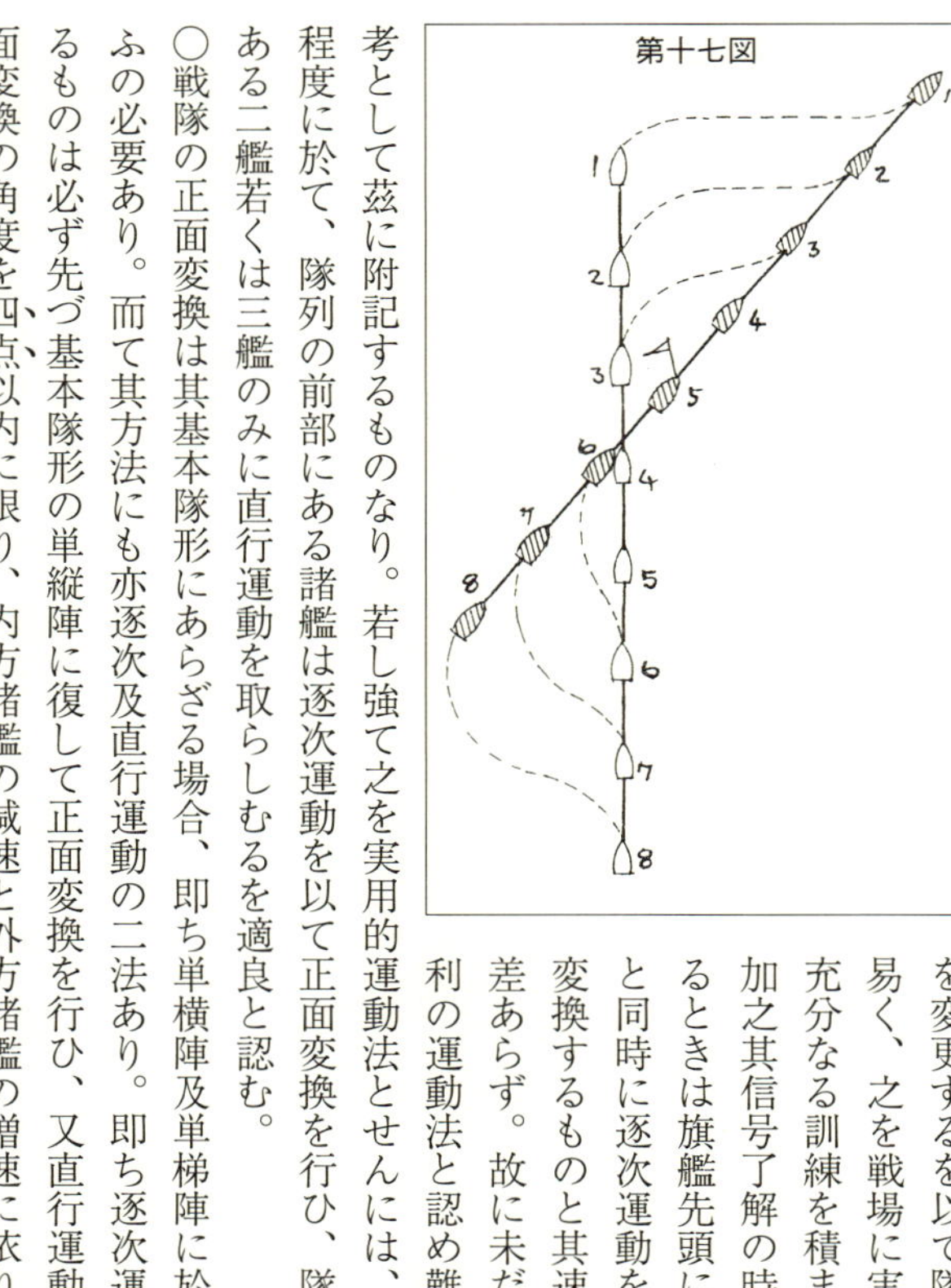

第十七図

を変更するを以て隊形を壊乱し易く、之を戦場に実用するには充分なる訓練を積まざる可らず。加之其信号了解の時間を計算するときは旗艦先頭に立ち其発意と同時に逐次運動を以て正面を変換するものと其速度に於て大差あらず。故に未だ之を適良有利の運動法と認め難く、唯だ参考として茲に附記するものなり。若し強て之を実用的運動法とせんには、減速せざる程度に於て、隊列の前部にある諸艦は逐次運動を以て正面変換を行ひ、隊列の後部にある二艦若くは三艦のみに直行運動を取らしむるを適良と認む。

○戦隊の正面変換は其基本隊形にあらざる場合、即ち単横陣及単梯陣に於ても之を行ふの必要あり。而て其方法にも亦逐次及直行運動の二法あり。即ち逐次運動を以てするものは必ず先づ基本隊形の単縦陣に復して正面変換を行ひ、又直行運動のものは正面変換の角度を四点以内に限り、内方諸艦の減速と外方諸艦の増速に依り、恰かも銃隊の横隊正面変換の如く之を行ふものとす。然れども戦場に於ける要求は大抵前者を以て充し得るなり。

（附記）凡て正面変換に於て、通報艦は新正面に於ける制規の位地を占むるが如く、適宜に速力を加減し、適宜の舵角を以て転舵するものとす。

㈤陣形変換

○戦隊の陣形は其基本隊形たる単縦陣の外単横陣及単梯陣の二変形あるのみ。戦術上に於ける此三種陣形変換の要求は之を一斉回頭及正面変換に比すれば極めて少し。何となれば戦隊は大抵基本隊形にて戦闘するを有利とする場合多ければなり。然れども亦時に其必要無きにあらざれば、其運動法の制定なからざる可らず。

○陣形変換の運動法にも逐次運動及直行運動の二法あり。前者は即ち先づ逐次運動を以て其正面を変換し、次て一斉回頭を以て所要の陣形を形成するものにて（単横陣及単梯陣より単縦陣に変形するには之に反し先づ一斉回頭を行ひ次に正面を変換す）取りも直さず正面変換と一斉回頭を続行するに同じ。故に特に此運動法を制定するの必要無く、却て之れが為に別種の号令法を設くるの繁を省くを可とす。加之此二次の運動を一号令にて続行せしむることは変化の急速なる戦勢に即応せんとする戦術の要求に適せざるものにて、已に其第一次の正面変換を行ひたる後第二次の一斉回頭を行はざるを可とする場合少からざるなり。

　直行運動を以てする陣形変換は第十八図に示すが如く、運動の基準たる嚮導艦は減速にて直進し、爾余の列艦は増速して新占位に直行し基準艦の標準旗を下すを以て、新隊形を形成し原速に復するものとす。而て此運動法は基本隊形より単梯陣若くは単横陣に変形する場合幷に単梯陣（単横陣）より単横陣（単梯陣）に変形する場合の外

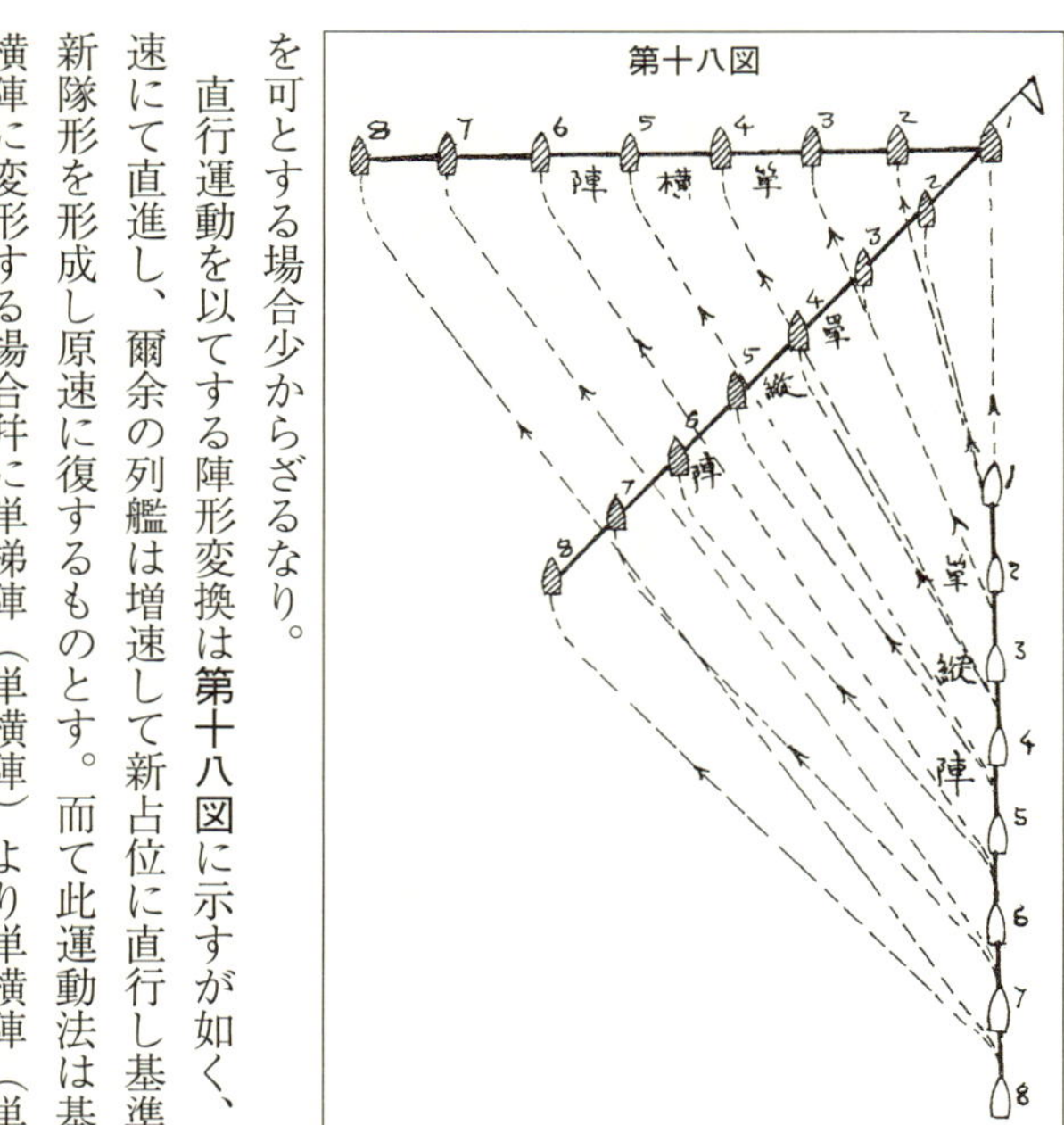

第十八図

之を用ゆること無し。就中戦術上最も必要多きものは単縦陣より二点の単梯陣を形成するものにて、此場合に於ては殆んど減速せずして之を行ふことを得。
○前記せるもの丶外尚ほ単縦陣の変形として鱗次単縦陣あれども、其陣形変換は単に偶数番号の各後続艦が其前続艦の斜後半点に移り、又基本隊形に復するにも前続艦の直後に入るに過ぎざれば、茲に其説明を贅せず。要するに戦隊の陣形変換法は主として前記直行運動のもの丶みにして、其他は凡て正面変換及一斉回頭を応用して其目的を達し得るなり。
○水雷聯隊の陣形変換
　水雷聯隊の基本隊形（単縦列）に於ける各種運動法は凡て戦隊の運動法に同じ。唯だ其並列隊形のために特別の陣形変換法を要するのみ。此運動法は至極簡易にして、**第十九図**に示すが如く先頭部隊の減速と後尾部隊の増速に依り之を形成し基準艦の標準旗の下るを見て原速に復するに過ぎず。而て並列隊形より基本隊形に復するには唯だ後尾部隊の減速を以てするものとす。

第十九図

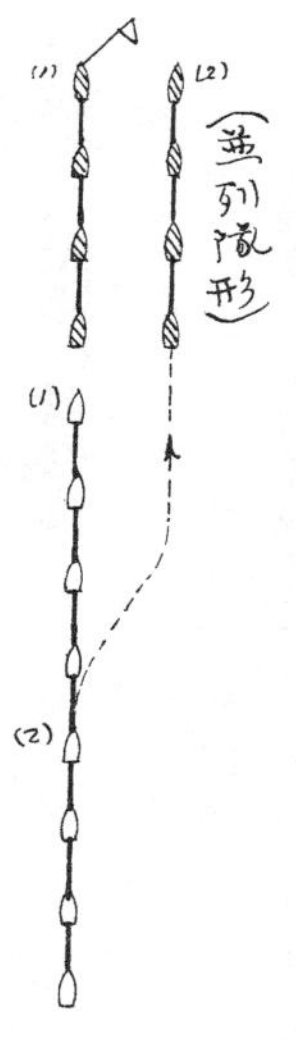

(1)
(2)
（並列隊形）
(1)
(2)

第三節　大艦隊の運動法

本節は主として六箇戦隊より編成されたる大艦隊の各種運動法を説明せるものにて、又之を水雷戦隊にも通用し得るものなり。

又此運動法は大艦隊編制の有無に拘らず、二箇以上の戦隊若くは駆逐隊等が集団して運動するに適用することを得。

○大艦隊の運動法は之を編成せる各箇部隊を運動の本位と定め、前節に述べたる戦隊運動法の如く各艦を本位とせるものにあらず。即ち恰かも銃隊操式に於ける小隊動運より中隊運動に移るが如し。故に基本位たる部隊各箇の運動に熟達せるにあらざれば、此大艦隊の運動法は成立すべきものにあらず。若し夫れ各箇部隊の指揮官其麾下の操縦に熟練せるときは、大艦隊を形成して集団運動するに大なる困難を感ずること無し。

○大艦隊は其隊形を保持して戦闘することなきを以て、其運動の目的は主として航行にあり。故に其運動法も部隊各箇の一斉回頭を行はず、単に正面変換のみを以て行ふものとし、之を左の如く種別す。

一、行進及停止　二、速力変換及間隔変換　三、正面変換及列向変換　四、

陣列変換乃ち此順序に準ひ、以下逐次に其運動法の要領を説明せんとす。

㈠行進及停止

○大艦隊に於ても亦行進は諸他運動の基礎なり。艦隊一地に碇泊しあるとき、之れに行進を起さしむるには、常に第一若くは第二陣列（縦陣列若くは鱗次陣列）にて発動するを例とし、其号令に依り各部隊は予示されたる序列（若くは隊号）に準ひ、逐次に抜錨発動し（各部隊指揮官の号令に依る）指示の隊形を形成するものとす。此時其碇泊隊形が航行隊形と同きときは、各部隊殆んど同時に抜錨するを要すと雖も、若し然らざるときは其隊位に依り自ら多少の遅速なからざる可らず。故に主旨に於ては各部隊の逐次抜錨なるも、時に後続隊が前続隊に先ちて抜錨する場合無しとせず。要するに各部隊其抜錨発動の時機を適当に予測して過不及なからしめ、以て迅速に航行隊形を形成し、行進の姿勢に移るにあり。

已に隊形整頓して行進するに至れば各部隊は嚮導隊に準じて其間隔を保持し、若し過不及あれば適宜其隊の速力を増減し、隊位を変換して、其定位に着くを要す。但し大艦隊の隊制は間隔に於て二百米突の伸縮を許すものとす。

○行進せる艦隊を停止投錨せしむるにも、亦第一若くは第二陣列よりするを例とし、其号令に依り各部隊は陣列を解き、序列に準ひ予示されたる碇泊位地に至り逐次に投錨するものとす。此時泊地狭小にして碇泊隊形混雑するときは、入港前予め間隔を増加するを要す。
○漂泊中より行進を起し、又行進より漂泊するは、凡て前記抜錨及投錨の運動法に準ず。

㈡速力変換及間隔変換
○大艦隊行進しあるとき全隊の速力を変換することは平戦時に於ける其航行日程を調整するため屢々其必要あり。而て其法増速は前続隊より、又減速は後続隊より逐次に之を行ふものとす。但第三及第四陣列にて行進しあるときに限り、並頭せる諸隊は同時に速力を増減するを要す。
○間隔の変換も亦出入港、漂泊等の場合に其必要あり。其法閉間隔の場合には前続隊より開間隔のときは後続隊より逐次に減速し、所要の間隔を得るに及んで基準隊（最先任隊を基準隊とするを例とす）の標準旗に依り各部隊原速に復するものとす。但し第三及第四陣列にて行進しあるときに限り、並頭せる諸隊は同時に減速するを要す。

㈢正面変換及列向変換
○正面変換は大艦隊の運動中最も必要なるものなれども、其方法は比較的簡易なるものなり。即ち第一陣列にて行進しあるときは、其角度の大小に拘らず、各部隊単に嚮導隊の正面変換に準ひ其通跡を進むにあり。

又第二、第三若くは第四陣列にて行進しあるときは内方隊は減速して小圏を旋廻し、外方隊は増速して大圏を旋廻し、各部隊新正面に着くに及んで、基準隊の標準旗に依り原速に復するものとす。第二十図は即ち第四陣列にて正面変換の一例を図示するものなり。但し此場合に於ては正面変換の角度を四点以内に限り、若し其以上を要するときは之を二回以上に続行するものとす。

○列向変換即ち戦隊の一斉回頭に類似するが如き大艦隊の運動法は航行の目的のみに対しては殆んど其必要なきが如し。然れども大艦隊が陣列を保持して敵の大艦隊と触接し、未だ戦闘を開始せざる場合等には、正面変換のみを以て其隊位を移動するに不便を感じ、往々各部隊各箇の正面変換即ち列向変換を有利とすることあり。是れ特に此運動法を設けたる所以なり。而て其運動法は総指揮官の号令に依り各部隊一斉に正

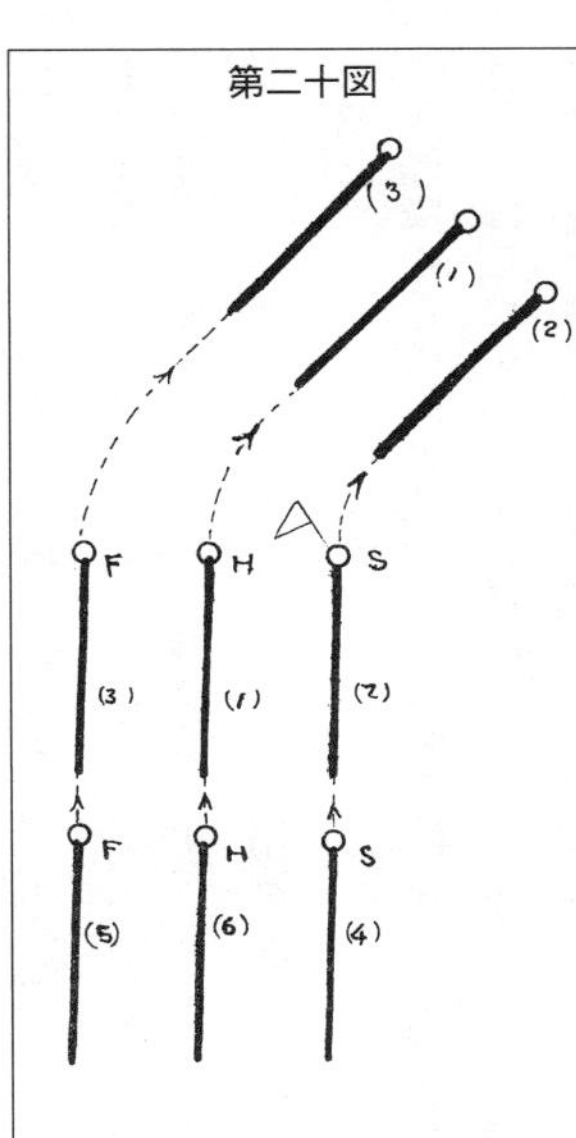

第二十図

面変換を行ふにあるのみ。但し第三及第四陣列よりするときは其変向の角度を四点以内に制限せざる可らず。

此列向変換を行ふに当り特に留意すべきは其号令の通達速度にして若し之れに長時間を要するときは、却て正面変換を用るを敏速なりとす。

(四)陣列変換

○大艦隊四種の陣列変換は平戦時を問はず、屢々其必要あり。例ば第一陣列にて出港後第二陣列に変じ、更に洋心に出でゝ第三若くは第四陣列を形成し、或は又敵の近接し来るを知りて第二陣列に復するが如し。
此運動法の要領は基準隊を基点とし、各部隊各箇の正面変換及速力変換を以て新隊形の定位に着くにあり。今左に其三例を図示して之れが説明を省略す。

第四節　結　論

○以上艦隊の運動法に就て説明せる処は、凡て簡単を主旨とし、複雑を避けたり。然りと雖も此簡単と思惟するものも之を実地に施すときは尚ほ未だ簡単なるものにあらざるなり。彼の戦隊の正面変換或は一斉回頭等の如き単一なる運動法も、之を各種の速力にて施行するときは一々其転舵の調子を異にし、決して一朝一夕の練習を以て遂行し得らるべきものにあらず。加之平和の海上に於ては已に熟達し得たりと信ずる運動も、之を戦陣に施すに至れば尚ほ且つ其容易ならざるを感ずるを常とし、戦場に敵

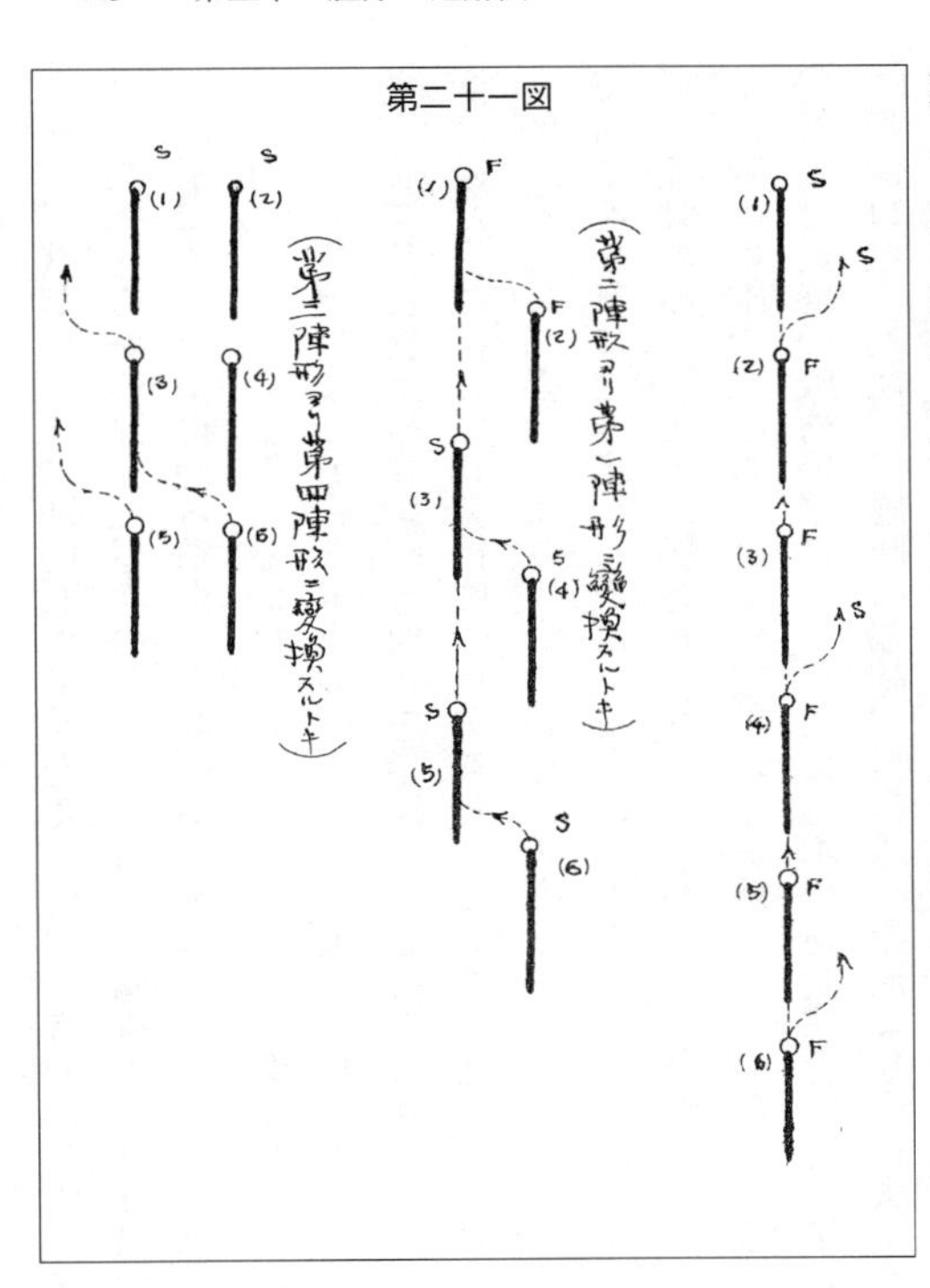

第二十一図

と対し、戦勢の変化に即応して断乎たる一回の一斉回頭を決行するに躊躇するが如きは未だ練達の域に達したるものと謂ふ可らず。艦隊の運動は恰かも音楽の如く、緩急の調子に連れ手指自から挙止する迄に練磨するを要し、一音一曲一々艦隊操典否な楽符に対照して撥を上下する間は、未だ傾聴すべき奏楽を合成するものにあらず。是れ本章に於て運動法の形式を可成的簡約にして戦術上必要欠く可らざるもの丶みに止め、主として其実施上服膺すべき要点を指摘したる所以なり。若し夫れ本章説く処のもの尚ほ未だ複雑にして其実行に困難ありとせば、更に之を削減するも可なり。要は分列式的の多技に浅熟せんよりは寧ろ戦陣に必要なる一術に精練して、如何なる場合に於ても虚心平気に之を実行し得ること尚ほ伶人の音楽に於ける如くならしむるにあり。斯く運動法の実行確実に保証せられたる後初て戦術を構成し得るに足るなり、然らざれば戦術は唯だ紙上の死画と化して之を実地の活術たらしむること能はざるなり。
○吾人は最終の戦術要素として、茲に艦隊の運動法を講究し了れり。㈠戦闘力の要素、㈡戦闘単位の本能、㈢艦隊の編制、㈣艦隊の隊形より、順次に演繹して終に此こに至り、此等要素の基礎確立して初て戦術を言ふに足るなり、乃ち是より第二編に移り、戦術の本領たる戦法に説及せんとす。

海軍基本戦術　第二篇

戦法

前編に於て戦術の基礎たる各種の要素、即ち戦闘力の要素、戦術単位の本能、艦隊の隊制、艦隊の隊形、艦隊の運動法等に就き其戦術に及ぼす利害得失を逐次に講述せり。今是より戦術の本領たる戦法に説及せんとす。而して其前提とし先づ其理の一班を討究せざる可(べか)らず。是れ兵理は戦略と戦術とに別つなり。一般兵術の原因をなし諸多の兵術原則は之より発生するを以てなり。

又戦法を説くにあたり近世諸兵家の流儀に傚ふとき或は兵器に基きて之を砲戦術、水雷戦及衝角戦術等に種別し或は又地理に依りて海洋戦術、海岸戦術、対要塞戦術等に区分する等其分類雑多にして講述上の混雑少なからず。従つて理解会得を困難ならしむるが故に本篇に於て勉めて繁を避け簡を撰み主として艦種に基き単隊復隊の海洋戦術のみに付きて攻究し末尾に対要塞戦術の要領を加附せんとす。蓋し説法の流儀の雑多なるも学術の泉源に異点ある事なく末法に拘泥して本旨を忘却するが如きは講学の目的にあらざるなり。

第一章　兵理

兵理とは兵戦に於て対抗兵軍の勝敗を支配する自然の原理にして兵戦の大小と海陸とを問はず之に順（したが）ふて戦ふものは勝ち、之に逆ふて戦ふものは敗るゝ。而も此大理は恒久不易にして人智の発展に伴ひ兵力兵資の素質分量等に如何なる差異あるも終始一貫して消長変化せざる事尚ほ力学の原理之如し、兵理を一言にして尽せば優勝劣敗の理即ち是なり、兵術は即（すなはち）此大理を兵戦に応用して敵と戦ふの術にすぎず然れども其応用の方法は諸他の技術と等しく時と場合に準ひ兵力兵資等の異同に依り千種万様に変化するが故に兵術其物は其戦略と戦術とを問はず変化して究（きはま）りある事なく、従て所謂（いはゆる）兵術の原則なる者も時代と共に変遷し兵理に基きて其時代の兵力兵資に相応せる原則を作為せざる可からず。唯永久不変のものは一に兵理あるのみ、仮令（たとへ）ば古代橈走を以て兵艦を操縦せし時代には兵器も亦武装せる兵士も共に艦の前後に配備せしが故戦闘の陣形は一に横陣を以てせざる可からざりしに、世の進むに従ひ推進機関は橈より帆に代り帆は又現（いま）の暗車に変じたる結果、兵装は船側に備へられ、従つて戦術上とるべき隊形は横陣より一変して専ら縦陣となり又大砲と水雷の発達と共に衝角は殆んど今日戦闘の武器に非る(あらざ)が如く兵術上の原則は兵資と共に常に変化す。

戦略の変遷は緩徐なるも戦術の進化は急劇なり等と喝ふる(とな)も之れ何れも非なり。戦略も戦術も唯技術の範囲に大小あるのみにて恰も(あたか)同心円の直径に大小あるが如く其本質は何れも兵力を応用する技術即ち兵術にして差異ある事なり。同一不変の兵理に基きて千変万化するものなり、例へば無線電信の未だ世に出でざるに当り対馬海峡の警備をなさんには通信力の及ぶ範囲大ならざるが故に多数の艦艇を配備せざるべからずと雖も(いへど)今日に於ては昔時の如く多数を配するに及ばざるが如きは即ち戦略の古と今と相変化したる一例なり。

第一節　兵戦の三大元素

兵戦の由て成立する大元素は諸多の科学に於けるが如く時、地、力の三素なり。和漢の古兵家は之を天、地、人と唱へ泰西の兵家は Time, Place, Energy と説くと雖も皆之れ観察の異同より生ずる異名同物の称号に外ならず。抑も(そもそ)優勝劣敗は兵理の根本なり。然れども優劣は単に兵力計其数の優劣に依て勝敗を決し得べきにあらずして時と地の価判を以てせざる可からず。此時、地、力とは抑も如何なるものなりやを知得せんと欲せば吾人は先づ瞑目して宇宙の真相を沈思す可し。始なく終なく長久究りなきものは時なり、充満して尽くるなきものは力なり、斯く名状するの外他に説明の言辞なきを如何んせん、此三者を併有せずして兵戦はもとより凡百の事件は成立するものにあらざるなり。

例へば卑近の事実に於て幾時間幾何の場所に幾人を使役すれば幾何の成果を挙ぐると言ふが如き其一元素を欠くときは成算はたつべきにあらず。兵戦も亦此三素の併用の調和宜しきを得て適当の時、適当の地に適当の力を用ふるの能く其効を成す。之を成功 work down と言ふ。只単に力をのみ見て時と地を察せざるが如きは未だ兵戦の真理を了解したるものにあらざるなり。

今数理に基き此三元素を計量する時は時に長短あり地に広狭あり力に大小あり。時の極微なるものこれを時刻といひ、度量を有するもの、これを時間と云ふ、地の極微なるもの之を地点といひ、其度量を有するもの之を力量といふ。換言すれば計量的に此三素を述べんが時に長短あり地に広狭あり力に大小あるなり。又之等を比較的に説かん乎、時を対比にするときは現在を基準として強弱優劣等を生ず。之を形象的にいはんか、時に闇明寒暑、晴陰等あり。之を時象といふ、地に水陸、険易、高低、深浅、闊隘等あり、之を地形といふ。力に集散、動静あり、然れども計量、対比、形象等已に人為的に差別を附したるものにして自然にあらず。平等に大観すれば時に長短先後なり、地に広狭方位なり、力に大小消長なきものにして是れ三大元素自然の本質なりとす。兵戦は人為の現象なり。故に三大元素を計量対比するの必要あるが故に兵学を講究するに当り屢々(しばしば)真理の帰一する所なきを遺憾とする事あり、例へば戦争と戦闘とを区分し戦域と戦場とを区分し戦略と戦術とを類別するが如きも計量対比の標準を定むるにもし諸家任意の界説を作為するの已むを得ざるに至る。是れ本来自然に違反し分限し難きを分限せんとすればなり。

已に前記するが如く人類は時、地、力の三素を利用して相争闘す。之を兵戦といふ。然れども人智の発達未だ完全に利用する能はず。空過せしむるもの多く広漠たる地も僅に地球表面の一部に限られ未だ大空に飛行する能はず。無量なる力も又人類其物が固有する体力と機物の潜力の幾分にすぎず。昔時人智未だ今日の如く発達せざりし所謂野蛮時代には只一小土上に於ける短時腕闘にすぎざりしも世の開明と共に戦場も次第に拡張して已に海洋に之を利用し得る世の進歩に達し、又力の利用も始めり。単に腕力のみなりしが先づ白兵を用ひ次で弓銃砲等を操るに至り戦闘距離を一腕の長さより漸次に延長して砲銃の到達距離となり対抗兵力を打算するにも昔時は人頭を算せしが今日は砲銃の数量に依るに至れり。斯く力の利用は人体の潜力より機物の潜力に変移せしが如く将来に於ても亦如何なる力素の現出すべきやを知らず。蓋し天地に充満せる万有の潜力は悉く人類の智能により利用せらる可きものなるが故に遠き未来に於て生れながら天の一隅を睥睨すれば雷火忽ち降り来りて数万里以外の敵軍を瞬時に鏖殺するが如き事ある可しと想像すれば今日機力の応用も尚幼稚なりといはざる可からず。人智は進歩して究りなし。吾人は現時の陸軍を以て野蛮時代の遺物と冷笑せる閑に海軍も又水面のみに固着し飛行潜行の術を知らずと言はるゝの時節必然到来すべきは之を已往に鑑みて将来に推するに足るなり。

三大元素は特に力の利用の限度、以上述べたる如くなるときは兵戦は比較的、尚ほ複雑にして時及地より生ずる外か干渉を蒙り之が為め兵力を消長する事少からず。時に暗明、寒暑晴陰あり、地に水陸、陸夷高低深浅闊隘等あり、時象地形の利害得失は兵力以外に於て兵戦の勝敗に関係する事今尚大なり。然れども力の利用進歩するときは時象地形の利害関係は次第に減少するものにして現に吾人が見る如く比較的進歩せる海軍の兵戦には陸戦の如く地形の利害を感ずる事なし、若し夫れ将来大空に戦ふに至つては時象地象なきに至るも尚力は共に兵戦の三素たる可きを論くを待たざるなり。

前段述べ来りたるが如く時、地、力の三素は其計量対比形象等に依り幾多名称の下に兵戦の諸要素を形成すれども精細に之を分析すれば終に本来の三大元素に帰納せられ恰も三脚台の三脚の如く其一を欠けば顚倒して兵戦の成立せざるの極理に徹底すべし。而して此三素の調和均衡を得せしむるは兵術の要旨にして三素皆優大なれば其面積も従つて大なるが如しと雖も若し力足らざれば時若くは地を以て之を調和し時利あらざれば地又は力を以て之を補足するが如くせざる可からず。例へ地域挟小にして大軍を一時に用ふる能はざれば兵力を数分して順次に攻撃を続行し或は時日許さゞれば全軍を大地域に展開して一気に勝敗を決するが如き。或は兵力足らざれば地利を占めて耐久の防禦を事とするが如き。皆是れ時、地、力の三素を調和して交戦の目的を達せんとするに外ならず、此三素何れも兵戦に欠く可からずと雖も其何れが最要なりやと問はゞ力を第一とし地、時之に次ぐ。之力は人為を以て之を消長変化せしむる事比較的最も容易にして地と時とは順次に其難度を増加するのみならず力多大なるときは地と時との不利を排除するを得べければなり。例へば力に属する兵力は有形的と無形的とを問はず人為を以て比較的任意に増大するも地に属する大小を開き大海を埋むるは今日未だ人為を以て至難なるのみならず時に属する風を静め雪を払ひ夜を昼となすが如きに至つては更に殆んど不可能なるが如し、然れども人多ければ天に勝ち得るものにして人類の力を積るときは昨の天険今は坦々たる墜道を通じ、無数の探海灯は暗夜を白昼の如くなすを得、力能く地と時との不利を排除するの例証を見るに足るなり。依是観之三大元素中力を最要とし兵戦に於ては先づ兵力の優劣に着眼し次で地の利害を観察し終りに時の適否を考慮するを正当の順序となさゞるべからず。古の漢人時、地、力を天地人と称し天の時は地の利に如かず、地の利は人の和に如かずと説きしも亦故なきにあらず。兵事に従ふ者其業務の何たるを問はず常に時、地、力の三素に考察するときは庶幾（ねがは）くば過失に遠ざかる事を得ん。

（附言）以上兵戦の三大要素及其変態等に就き諸君の啓発に資する為め其要領を述べたり、諸君は尚ほ目を能く兵戦の時々物々に就き実際問題を置きて此三元素の関係及其変化等を探究さるべし。終に真理の到底する所に悟入するを得、他日戦陣に臨み我身辺を囲繞せる雑多の現象を冷静に観察し其判断を誤らざる頭脳を養成するを得べし。

第二節　力の状態及用法

夫れ力は宇宙に充満し其全量に於て増減する事なしと雖も其集散常なく或は固体と共に凝結し或は液体に入りて流動し或は気体の中に浮遊し其密度に濃淡の差あり。而して已に集結して一体を成せる者更に相集りて一団に結合せるあり。或は散じて分離せるものある事宛かも物質の如し。即ち集中散あれば散中又集あり。是れ力の状なり。又其態を見るに動静定まりなく日月、星晨の如く運動せるあり。木石の如く運動せる地球の上に静止せるあり。或は又月水の如く其の上に運動せるものあり。動中静あり、静中動あり。是れ力の態なり。此等の状態は実に千状万態にして将に一々形容す可からず。之を極観すれば集散といひ動静と云ひ之と是れ程度の比較にして散の密なるを集と云ひ動の微なるを静と謂ふに過ぎざる共之を大観すれば力の状態は集散の二状と動静の二態に外ならざるなり。

人類は自ら其力量を保有せず、皆自然に存在せる力を借り凡百の功果を成すのみにして針大の地を穿ち、風の船を行り、弾丸の敵を殺傷するが如き皆天力の利用にして人体固有の動力の如きは真に少量にして之すらも正当に言へば天有に属するものなり。吾人はかく天力を利用したるを人力と呼称し天力を巧妙に利用するものは宛かも力量を有するかの如く見做すと雖も元人能にして力と混同すべきものにあらず。而して人能が此天力を利用するに当り現在の天力を単純に用ふるものあれども多くは機関の媒介を要す、風の船を行る帆を要し弾丸を発射するに砲を要するが如き是なり、此等の機関は人能の発達と共に簡より雑に入り今や複雑枚挙す可からずと雖も要するに之れ多年の工夫に成れる人能の集積に過ぎざるものにして兵戦に於て兵力と謂ふも即此天力を利用する人衆と之に要する機関の数量を以て其天力を利用し得る分量を代表するものなり。

斯く人類の力を用ふるの法則は他なし。唯力の状態即ち力の集散動静を理するにあり、力大なりと雖も散すれば或部に弱く、小なりと雖も集まれば一部に強し。又力ありと雖も動かざれば何等のなす所なく動けば必ず多少の功をなす。是れ自然の理にして力を集合して之を動かさざれば何等のなすところなしと雖(いへども)他力の来つて之に撞撃するときは其現有の力量を以て抗力を逞(たくまし)ふする事尚岩石の水流に抗するが如し。又力を集合して動かせば其力の多大なると運動の迅速なるとに従ひ益(ますます)其衝力を大にす。例へば弾丸の堅鉄を貫くが如き是なり、又力を離散して動かさゞれば其各部の薄弱なりと雖も能く大地域に亘りて若干の支力を有する事尚数十の小柱が大家屋を支持するが如し。又力を離散して之を動かせば大地域に亘りて各部に多少の功をなす例は霰弾の大衆を殺傷するが如き是なり。而して力の自然の状態は前述せるが如く集散動静常なきを以て人為を以て集り散し散て集め動を静め静を動かす此等自然の状態を変化せしむる事即ち力の用法にして其要旨は為さんとする目的に応じて力の集散動静を調理し他力に対し我が衝力抗力を優大ならしむるにあり。本来無き力を出現せしむる事は固より人為の能くする所にあらず。兵戦に於ける兵力用法の原理も亦之に外ならざるなり。

人類の利用し得る力の分量に大小あり。其多々益々大なるを可とする事と已に前部三元素に就きて述べたるが如し。而して已に或る力量を保有したる後は之を最も有効に活用して功果を挙げざる可からず。優大なる力量を有するも之を用ふるの法を知らざれば其成効少く又与へられたる力量少くとも之を用ふる法を得れば其成効大なり。其用法は即ち本部に述ぶるが如く力は本然は状態に従ひ其集散動静を調理するにあり、故に本来の優大なる力量を保有する事は大功をなすの要素なれども亦之を用ふるの法を知らざれば何等の功を奏する事なく却て劣小の力量を巧妙に活用するに如かず。例ば茲に一兵軍あり、優勢の敵と対抗するに当り我兵力を集中して敵の一翼を迅撃し敵の全軍未だ我に応ずる能はざる間に已に之を破り策を急転して敵の他翼を衝き此の如くして終に大敵を撃破するが如き、或は又均勢の敵に対し我兵力を二分し其一部隊は他物の力を借り静止して敵の攻撃を待ち敵の全軍我此一部を撃破せんと努むる間に分離せる我が他の一部隊が迂回して敵の側面を衝き両隊合撃して敵を破るが如き、皆之れ力の集散動静を調理するに外ならず。又力の本態の状態に集中散あり動中静あるが如く、兵戦の現象にも亦散中集もあれば又散もあり静中動もあれば又静もあるを観察し得べし。彼の戦略的には兵力を戦辺に集合するも戦術的には之を戦場に離散するが如き或は戦略的には一地域に静止して守勢を執るも戦術的には攻勢をとりて運動せるが如き之なり。然らば如何なる場合に如何に集散動静すべきやは次に来るべき問題にして力集まれば形象なくして真の一点に集中するとも散ずれば必ず或る地域を占め或る形象をなす。又静すれば其所在を換へず方向定まらざるも動けば必ず或る時間を要し或る方向を有し其地域の広狭、時間の長短、形象方向の適否等の如き皆此の問題に属し此等は敵に依り変化するものにして是兵学講究の大部分を占むるものなれば茲に詳論せず本節は単に力の自然の状態は如何なるものにして人は自ら力を有せず唯だ天然の力を利用するのみ。而して之を用ふるの法は唯だ自然の状態を理するにあり。即ち到底する所は集散動静の四法に帰すると云ふに止めん。

第三節　優勝劣敗の定理

夫れ苟（いやしく）も力を以て相争抗する宇宙間は何事も優勝劣敗の原理に支配せられざるなし。即ち優勝劣敗は力争に於ける自然の判決にして天秤が重き一方に傾斜し電力が其抵抗を強過し汽罐が汽圧に耐へ地球遠心力が太陽の求心力に拮抗するが如き卑近より高遠に至る迄万有抗争の現象は一として此真理を証明せざるはなし。兵戦の判決も亦此に洩るゝ事なく劣者は到底優者の敵にあらざるなり。然るに古来幾多の兵戦に於て劣者往々優者に勝つあるものは是れ優者が其優勢なる兵力を完全に使用する能はざるに因るものにして其対抗の際優者の発揮したる実力は劣者のものよりも少く事実の真相は優者優ならず劣者劣ならざりしなり。換言すれば有形的に優なりしも無形的に劣なる所ありしためにして劣者は数に於て劣なりしも術力に於て優り、時と地の利用宜しきを得て無形の力を増したるに依るの即ち兵力を完全に使用せんとする事吾人の今講究せんとせる兵術の大目的にして其兵術の一原理は此優勝劣敗の真理より発生するものなり。今茲に兵術なる声を無視し時と地に関係なく真の一地点に二個の兵軍が相衝突したりとせば自然の判決に従ひ次の定理を生ず。

第一定理　凡そ二個の兵軍一地点に於て各其兵力を集合して相戦ふときは其兵力優れるものは勝ち、劣れるものは敗る。若し其兵力均一なるときは両軍共に全滅するに至りて息む。

此の根本的定理は宛かも三角形の二辺の和は一辺より大なりと云ふに等しき動かす可からざる第一原理なり。之を実際に証明せんとせば茲に或る二艦の同方向に並列し静止して対戦せしむれば其戦闘力の優劣に依り其勝敗を決し戦闘力平均なれば相当に全滅するを見るを得べし。故に戦ふて敵に勝たんと欲せば先づ其兵力を優勢ならしめざる可からず。

但し兵軍なる概括的名称の下には軍艦も戦隊も艦隊も亦大艦隊も含有せられ前節に述べたるが如く集といひ散といふは唯程度の比較に過ぎざれば仮令(たとひ)集合するとも必ず或る地域を占領して或る形状をなし真の一地点に集中すべき理あらずと雖も大観すれば之を一地点に集中するものと見做して推理上支障なきなり。

此第一定理を敷衍し時に関係なく単に地点を拡張して地域とし兵軍の集合を解き之を離散静止して対抗せしむれば第一定理に基きて左の第二定理を生ず。

第二定理　凡そ二個の兵軍一地域に於て各其兵力を離散静止して相戦ふときは各交戦地点に於ける勝敗は第一定理による。

茲に離散と云ふは分離したる兵力の結合なきを意味するものにして、分離したるもの相応援し得る距離に在るは未だ多少の結合を維持し或る程度迄集合せるものなるが故に之を離散とは云ひ難し。而して離散の状況に種々ありて或は二部に分れ或は三部に分れ或は又数部に分れ対抗両軍離散の状況同一ならずとするも此定理に常に適合するものにして其内に隔離して対敵を有せざる者あれば其部分は全軍の兵戦に参加せざるものにして初めより之なきものと看做して可なり。

此理を以て推すときは兵軍或る地域に離散して戦ふ場合にも優勝劣敗の真理は各地点の対抗を判決し之を綜合するは全軍の勝敗を判決するを得べし。然れども此定理に於ける兵軍は未だ静止の態を持し時の関係を有せず。故に更に時を加へ兵戦のみ之を具備して対抗せしむるも同じく優勝劣敗の原理に帰一し左の第三定理を生ず。

第三定理　凡そ二個の兵軍一地域に於て或る時間に亘り集散運動して相戦ふときは各時刻に於ける勝敗は第一第二定理に拠る。

兵軍如何に集散運動するも各時刻に於て静止せるに異らず、時間は如何に長くとも極微なる時刻の集積せる者なり。是れ此第三定理が第一及第二定理に基きて成立せる所以(ゆえん)にして大小の兵戦其戦地の広狭と戦時の長短とを問はず此三大原理を以て推度するときは到底する所終に優勝劣敗の一真理に帰納せらる。

兵術は此真理に悖戻せざるが如く兵力を運用するにあり。即ち如何なる地点、如何なる時刻にも常に敵に対し我が優勢を維持するは決して敗をとる事なし、此復雑なる兵力の運用術が吾人の是より講究せんとする兵術なれども其大原則は此に述ぶるが如く単に優勝劣敗の天理に服従するに外ならず、於是兵戦に当りて先づ彼を知り己を知りて彼我兵力の優劣を計査せざる可からず、彼の兵力を知れば之れに優れる兵力を以て対すれば百戦百勝せざる事なし。然るに彼我の兵力を知悉(ちしつ)する事は難事中の至難なるものにて天稟の明智と百練の経験を以てするも尚ほ誤算を免かれざるなり、今左に其所以を附説せんとす。夫れ兵力とは兵軍の人衆及機関の数量を以て其利用し得る天力の分量を代表せしめたるものなる事前節に述べたるが如し。此人衆及機関個々の力量に有形無形の要素ありて其計量の複雑困難なる事は前編戦闘力の要素に説きたるが如くにして単に人衆及機関の数量を以て兵力を表示するも真正の力量となし得らる、ものにあらず、加之（しかのみならず）人衆個々の術力は生理及心理上の原因より其消長常なきものにて臨戦前、例令は之を計量し得たりとするも終始之に信拠す可からざるなり。例へば茲に一艦ありて其艦員は平時の射撃に於て平均百発四十中の術力に練達し得たりと仮定せんに此艦戦陣に臨み一死敵の大猛撃を蒙るときは艦員の士気忽ち挫折して周章狼狽の極、其術力の多分を亡失し百発四十中の術力は頓（とみ）に下落して百発一中にさへ及ばざるに至る事あり。此の如きに至れば其一艦の兵力は諸多の力素に変化なしとするも瞬転の間に四十分の一に減少したるものにして是心理に原因せる兵力の消長の一例なり。或は又茲に一師団の兵衆ありて早朝一地を発し夕刻某地に達したりと仮定し其朝夕の戦闘力を計量するに人馬の頭数には増減なきも長途の行軍に疲労したる後とせざる前とは実際の戦闘力に大なる差あるを見る可し。是れ生理に起因せる兵力の消長の一例なり。其他斯の如き兵力の消長は兵戦中常々之あるものにして真正の兵力を計上知悉するは困難ならしむ。実に彼を知るは固より己れすら能はざるなり、吾人自ら省みて我は分幾許の見識を得幾多の能力を有せりと自信するも戦闘に臨み果して之を充分に活用し得るや否やを想慮するときに我身一人にも信頼する能はざる事あり、況や他人をや。

彼我兵力の優劣を知る事の難き斯の如く然り。而も優勝劣敗の真理に悖らざらんには予め彼我の兵力を知るに力めざる可からず、是れ用兵の第一要義なり。然れども其知力及ばざるときは彼我一兵力の打算に充分の余裕を置き敵の兵力を下算せず我兵力を過算せざるを安全なりとす。此れと同時に常に我手裡にある兵衆を教練して其直正の兵力を多々益々優勢ならしめ之を用ふるに当りても心理生理等に原因せる力量の減退を予防すべき一切の手段を尽さゞるべからず。是れ用兵の第二要義なり。

此の優勝劣敗の兵理を兵術に適用するに正奇の両法あり。即ち敵に対し常に我兵力を増大するを其正法とし我に対し敵の兵力を減少するを其奇法とす。例へば我兵力を一地点に集中して其地点に於ける我優勢を保持せんとする。此兵理正用にして佯攻牽制等を以て敵兵力の一部を交戦に参加せしめざるが如き其奇用なりとす、此応用法に於ては或は正法のみを取り或は奇法のみを施し或は又正奇両法を併用すれども其目的とする所は一つに交戦地点に於て敵に比し我兵力を優勢ならしむるに在り。

而して敵に比し我兵力を優勢ならしむるの程度には極限あらざるものにして彼の一に対する我の二より三なるを可とし更に三より五、六、七、八と多々益々大なるを上乗とす、故に其極度に達せば正法に依り我兵力を無限に増大するか或は奇法に依り敵の兵力を無限に減少して皆無即零にならしむるを最上乗とす。斯の如く敵の兵力を皆無ならしむれば兵戦は成立せざるに至り遂に所謂戦はずして敵を屈するを得るに至る。即ち兵術なる者は其戦略と戦術とを問はず為し得る限り我兵力を敵に対し優大ならしめ可成的容易に敵を圧屈するを期し、決して力戦苦闘して得難き勝利を強ゐて得んとするを努めざるべきものなり。蓋し古の兵家が百戦百勝善の善なるものにあらず戦はずして敵を屈する之を善の善なるものと謂ふと説きし又此真理に起源するものならん。以上兵戦上に於ける優勝劣敗の原理は単に力の優劣を基礎とし地と時との利害得失を対抗両軍に平等なるものとして成立せるものなり。然るに地と時は此の優勝劣敗の原理に基き兵力を適用するに及んで利害の干繫を生じ、兵理をして漸次に複雑ならしむ。此等は尚ほ後節に説明する所あれば学者単に此一節のみに執着せざるを要す。

優勝劣敗の原理に基き前の定理を敷衍すれば次の十一定理を得。

1、二個の兵軍一地点若くは一地域に於て相戦ふとき其兵力の兵軍の集散動静を問はず各交戦地点に於ける兵力の優なるものは勝ち劣るものは敗る。

此定理は基本第三定理を約言したるに過ぎず。

2、均勢なる二個の兵軍相対抗するとき優勢なる兵力を同時機同地位に戦はしむる形状を採る者は勝ち否らざるものは敗る。

3、均勢なる二個の兵軍相対抗するとき其運動速度の優に依り変位変形を速かにし対敵の好位置を得るものは勝ち否らざるものは敗る。

4、均勢なる二個の兵軍相対抗するとき対敵の好位置を得たる時機を利用するものは勝ち否らざるものは敗る。

5、均勢なる二個の兵軍各数個所に分離して相戦ふとき連絡の強固なるものは勝ち然らざるものは敗る。集散離合して相対抗するときは敵に対し適当の時機適当の地位に優勢なる兵力を集中し得るものは勝ち否らざるは敗る。

6、均勢なる二個の兵軍各々(おのおの)集散離合して相対抗するときは敵に対し適当の時機適当の地位に優勢なる兵力を集中し得るものは勝ち否らざるものは敗る。

7、均勢二個の兵軍戦域に於て同一の情勢を以て相戦ふとき地形の利を得たるものは勝ち否らざる者は敗る。

8、均勢なる二個の兵軍戦に於て同一の情勢を以て相戦ふとき時象の利を得たるものは勝ち否らざるものは敗る。

9、不均勢なる二個の兵軍戦域に於て相対抗するとき優者は攻勢を採り劣者は守勢を採る、守勢を採るものは時と地とを利用し得れば敗れざる事を得。

10、不均勢なる二個の兵軍各分離し相対抗するときは優者は全局に於て攻勢をとり劣者は全局に於て守勢を採る。攻勢をとるものは其各部の兵力を同時機に同地位に用ふる事を得るは勝ち、守勢を採るものは敵の一部に対し我各部を同時機同地位に用ふる事を得れば敗れざる事を得。

11、均勢なる二個の兵軍同一の情勢を以て相対抗するとき我機関を保存し敵の機関を亡失せしむるものは勝ち否らざるものは敗る。

2、兵軍相対抗するときは或る地域を占め必ず或る形状を取る、之を同時機同地位に戦はしめんには曲線と直線とに関せず、兎に角 line に近き形状をとらざる可からず。

然れども line に近き形状にありては其翼は薄弱なるを免かれず。於是（ここにおいて）定理三を生ず。

3、即ち変位変形を速かならしめ、以て line をなす所の薄弱なる翼を変じて常に対敵上好位置を占めざる可からず。例ば一隊が敵に対し丁字を画き得たりとするも変位変形を速かならしめざれば敵は我が翼に丁字を画くに至るが如し。対敵上好位置を占めんには距離を基とす可からず、必ず隊形を本とせざる可からず。彼の円戦術の如きは距離を基とせるが故に彼我両軍は元より受くる所の利益均一にして偏重ある事なし。

4、対敵上の好位置を得たれば其時機を利用せざれば何等の得る所なし、此時機は常に僅かに数分時に過ぎずして須臾(しゆゆ)に戦勢変じ此時機も亦消失す。彼の日本海海戦の初め我軍がSWの針路よりNEの針路に転じ敵の二縦隊の先頭に丁字を画き得たるは対敵上の好位置を得たるものにして其時機は暫時に経過し去りたるも我軍は元と得たる好時機を十分に利用し得て敵に大打撃を加へ勝敗を早く、已に此時に決せしむるに至れり。

5、分離して戦ふは有形的の分離にして各部隊の間に若干の距離を存す、故に無形的心理上の結合を此間に存ぜしめ以て連絡の鞏固を維持せざる可からず。

7、集散離合及其連絡の情況にして彼我均一なるも地形の利を占むるは戦勝の我れに帰するや明なり、海軍にては海洋に相戦ふが故に戦術上地形の特に利用す可きものあるなし。然れども兵力の運用上に関係あるを以て戦略上地形の利用は大に必用なり、日露の役、我軍の勝利の一因は戦略上地形の利を占めたるによれり。地形とは plan view にして高低深浅なり。其之れ有る地形とは side view 即ち地勢なり。

8、時象の利用は陸軍にて突撃を行ふに払暁に乗じ水雷艇の夜襲に暗夜を撰ぶが如し。然れども時象は彼我共に同じ利害関係を有し一方に同利なるものにあらず、只之を用ふると用ひざるときに依り其利を受くると受けざるとの差を生ず。又時象の利害は兵の素質に依り其関係を異にす。例へば大艦は暗夜を厭へども水雷艇には之を撰み、又露人は寒所に堪ふるも日人は暑さを恐れざるが如し。

11、兵力は人力と機力とを合したるものなり、機力には次の五種あり。

1、生存機関
2、攻撃機関
3、防禦機関
4、運輸機関
5、交通機関

兵軍此機関の一を欠けば乃ち弱点を生ずるを以て此等機関の亡失は則ち敗を招く所以なり。

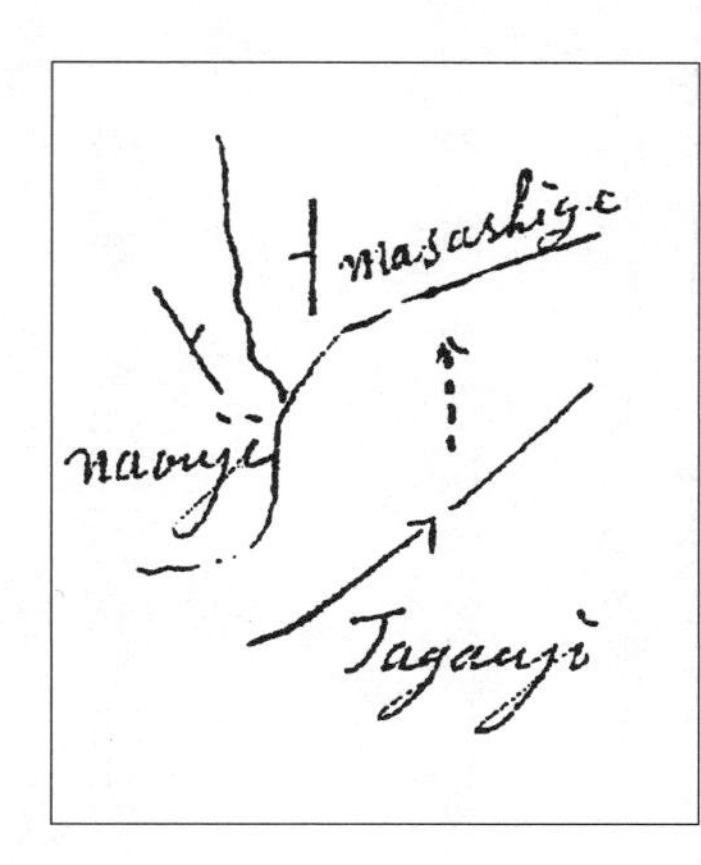

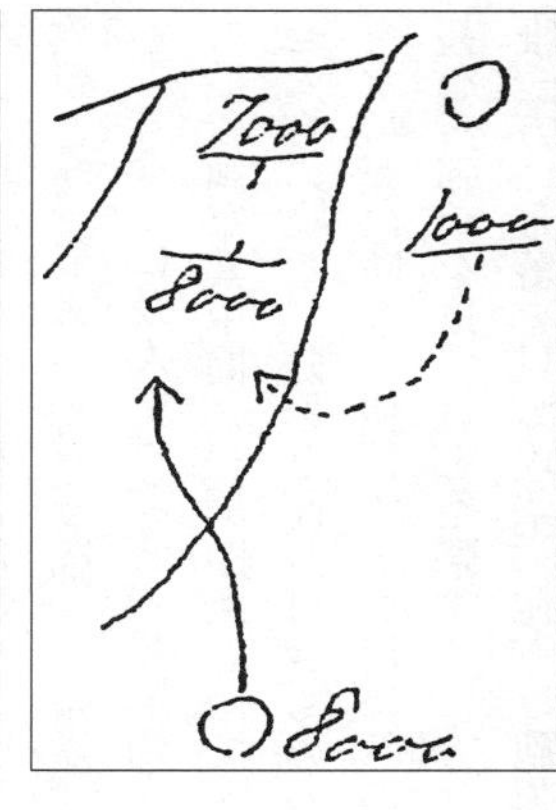

要するに優勝劣敗の道理に依り適当の時機に適当の兵力を適当の地に集中する如く運用の妙を得たるものは必ずや勝利を収む可きものにして古今其戦例に乏しからず。

河中島の役に於ける信玄、軍を二分し七千に自ら将として河中島の平野に一万を以て謙信の軍に向はしむ。謙信乃ち八千に将として城を空ふして信玄の軍に向ひ之を苦しむ、会々（たまたま）一万の敵軍背面より迫まり腹背敵を受けて遂に敗績せり。

湊川の役正成、直氏の軍と戦ひ戦勢頗る利ありしに尊氏の西宮附近に上陸して義直に当らしむ可き軍勢の一部を割き急に正成の背面に当らしめしかば遂に腹背敵を受け忠魂空しく湊川に留むるに至れり。

※番号不揃いであるが原文のまま。

第二章　戦法上の攻撃諸法

第一節　戦闘に於ける攻撃と防禦

夫れ一般の兵戦に於て攻撃とは主働的に進んで敵と戦ふを謂ひ防禦とは他動的に敵を受け止まりて戦ふを謂ふなり。然れども戦闘に於ては実際対抗両軍の行為上に於て攻撃と防禦とを門劃に区別する事難く、特に戦闘已に緒戦の時期を経過して其戦の酣（たけなは）となるに及んでは攻防の弁別殆んど皆無なるを常とす。之を海洋戦の情況に見るも彼我両軍其中間に戦闘距離を距て丶相撃殺せる現象を瞥見すれば両軍共に攻撃をなせるものにして防禦と認む可きものあらざるなり。吾人は敵水雷艇の襲撃を防禦するを水雷艇に防禦と慣称するも已に敵の水雷艇が戦ふ距離以内に近接攻撃し来らば我激甚なる弾雨を以て之を砲撃するに方（あた）りては其間に於ける彼我の行為は其二攻撃にして唯一方に水雷を以て攻撃し他方は砲弾?を用ふるの別あるにすぎず。抑も戦闘の本義は攻撃なり、已に我を以て戦闘が攻撃を意味するものなれば戦闘行為に防禦なしと云ふも可なり。故に兵術上に於て所謂攻撃とは唯其動作に就き次の如く区別するに過ぎず。

1、発動の際に於ける動作が主動的なるか他動的なるか。

2、対敵の意志が積極的なるか消極的なるか、即ち発動の際に於て先づ動いて敵を撃たんとする積極的の意志を有するものを攻撃と謂ひ、又敵より先づ働き掛けられて受働の位置を定め敵に撃たれざらんとする消極的の意志を有する者を防禦と云ふなり。換言すれば主働的にして積極的の攻撃を攻撃と称し他動的にして消極的の攻撃を防禦と称するものなり。

斯く区別するも尚戦闘の経過中攻者必ずしも終始攻撃を続行せず、防者も亦時に攻撃に転ずる事あるが故に戦闘全期を通じて対抗両軍一方の働作を全然攻撃とし他方のものを丸で防禦とすべからざる事あり。

本来所謂防禦なるものは好んで執る可き戦闘動作にあらずして唯我兵力劣少にして到底攻撃する余力なき場合に於て已むを得ず、之を執るか或は攻撃働作に移るの前一時敵を制するの手段として此姿勢を取る事ある〔も〕其轍頭轍尾防禦を執るものは決して戦闘の戦術上の目的を達成し得るものにあらず。加之（しかのみならず）積極的の攻撃は最良の防御にして敵を防がんと欲せば先づ之を撃て我れを攻むるの余力なからしむるに如かざるものにして彼の南北戦争当時の勇将ファラガット提督が「精確なる我砲火は最上の装甲なり」と云ひしも、前記の攻勢防御の真理を別語にて言ひあらはせるものなり。斯くの如く攻撃は戦闘の本義にして防禦は好んで執る可きものにあらずと雖も同じく敵を攻撃するの手段として此攻防両勢即ち所謂攻撃と防禦とを比較するときは両者共に其利害あり、次の如し。

攻撃の利点

1、先制の利を占め我意図の如く開戦し敵の意表に出で攻撃の地点と時期を撰定し得る事。

2、心理上の利を占め我士気を興奮し敵の士気を挫折し得る事。

防禦の利点

1、受制の利を占め我意図を隠匿し敵の意図を先知し地物を利用し得る事。

2、生理上の利を占め我逸を以て敵の労を待つを得る事。

之を要するに攻撃の利は先制と心理に存し防禦の利は攻撃の受制と生理にあり、而して攻撃の利は防禦の実にして防禦の利と攻撃の実たる事言ふを俟たず。

然れども此攻防の利点は必しも絶対的に然るものにあらず、時と場合に依り此利点を適用する能はざるのみならず却て害に陥る事なきにしもあらず。以下聊か攻防の利害につき詳説せんとす。

1、先制は攻撃の利点にして彼の囲碁に於ても先手を取れば常に我れに有利なるが如く機宜に従つて先づ敵を制すれば敵は自然の勢として先づ防がざる可からず。已に防ぐに其力を用ふるは我を攻撃するの余力を減少するが故に我を攻撃する事能はず。益々我より機宜を制する事を得可し。是れ先制の利なる所以なれども先制必ずしも常に利のみにあらず。時としては不利なる事なきにあらず。彼の撃剣、相撲等に於て熟練の対手が互に敵の虚に乗ぜんとする場合等に於て双方に寸毫の虚なくして乗ず可き機会なく我より先づ動けば却て我に虚を生じ敵に乗ぜらるゝ事あり、戦術に於ても其兵理は同一に適用さるゝものにして特に戦術の達人を敵とする場合等には唯先制の利のみを迂闊に盲動すべからざる事あり。

2、我意図の如く開戦し敵の意表に出づるを得れば先制に伴ふ攻撃の利点なり。凡そ何事をなすにも、主働に於ても亦然りとす、而して攻撃を或る程度迄我意志の如く戦闘をなし敵をして之に随動せしむるものなれば其利ある事言を待たず。然れども前段に述べたるが如く練達の敵は防禦の利点を利用し我れ先づ動きて乱れ且つ労するに乗じて逆撃を逞する事なきにあらざれば常に斯の如き利ありと断定す可きものにあらず。

3、攻撃の地点と時期とを撰定し得る攻撃の利点も亦先制の利に伴ふものにして先制するが故に地点と時期をも撰み得るなり。夫れ防禦の他地を定めて敵の攻撃を待つ者は敵が如何なる時に如何なる方面より攻撃し来るかを予知する事難く、常に各方面の防備を忽（ゆるがせ）にすべからざるのみならず前に備ふるは後に寡く右に備ふるは左に寡く備ふる所なければ寡からざる所なしとの格言の如く我が陣列若くは陣地の各方面に充分の兵力を充実するは殆んど不可能なる事尚一艦に於て制限ある装甲の防禦力を艦側の各部に分配せんとせば各部共に装甲の薄からしめざる可からざると一般なり。然るに攻者は我が好む時機に於て我優勢なる兵力を以て防者の薄弱なる一点に突撃を加ふるを得、又時宜に依り敵を動乱して其弱点を作るが為め任意の所に虚撃を試むる事を得るの利あり、然れども此攻撃地点及時期の撰定宜しきを得ざれば却て防者の術中に陥りて進退究るが如き事あれば地点と時期とを撰定するの権利あるのみにて終始之に伴ふ利害ありと云ひ難し。

4、我軍の士気を興奮せしめ敵軍の士気を挫折する事も亦攻撃に属する重大なる利益にして此無形の心力は常に有形の勢力を助けて重大の効果を奏するものなり。夫れ対抗せる一般兵衆は将に起らんとする惨劇の危険を予想し其神経は緊張して一種の感動を与へ平静を失するに至る、是れ心理上然らしむる者にして人類の天性なり。此時に当り漸次に恐怖心を発生す、然るに其時攻撃動作を取ば神経の緊張を此動作に散出して弛め敵に対する恐怖の念消ふると同時に無意識に優勝の感念を起すものなり。

吾人が実戦に於ても屢々感ぜし如く初めて敵と対し我れは未だ発砲せざるに敵弾已に四囲に水柱を揚たる際には直に不快の感ずるも、一度も応砲を始め我が全線の砲声を聞くに及んで忽ち愉快を覚えて頭脳の圧迫を解かれたるが如く身辺にある兵衆の敵を見るに前には皆、掛念痛心の色を帯びしも我砲火の熾なると共に漸次消滅して全艦の士気自ら昂れる如くなるを感ず。敵の攻撃を期待して防勢を執る場合に於ても士気の挫折する事前記の如くとすれば不意に敵襲を受け周章狼狽して之を防禦せんとする兵衆の心裡に於ける恐慌の度は尚　愈（いよいよ）大なる可く、ために彼等が平素の訓練に依りて涵養されたる軍紀心及術力の如きも一時全く忘失するに至る事あり、是れ実に奈翁が兵戦に於て士気と有形力との比は三と一なりと云ひたる可し。

士気の関係斯の如く重大なりとすれば吾人は常に進んで攻撃をとらざる可からず。

然れども唯其利を見て害を忘るゝときは意外の奇険に陥る事あり、仮令衝天の意気を以て攻撃の衝力を増加し得ると雖も敵の抵抗意外に猛裂にして我が死傷相踵で遂に攻撃の目的を達ざるを免れず、之れ攻者の留意す可き所なり。我軍の士気を高めんには緒戦の勝利を大切とす、日露の役二月八日の襲撃、仁川の戦、鴨緑江の陸戦等、緒戦の勝利は我軍爾後の連勝に大関係あり、故に主将たるものは緒戦に於ては是非共勝を収むるの決意あるを要す。之が為めには巧妙なる戦術を算せんよりも優勢を以て一挙に敵を圧倒するを可とす。

1、受制及生理上の利を占め敵を致し敵に至されず我が逸を以て敵の労に乗ずる事を得るは防者の利なり。孫子曰凡そ先づ戦地に拠て敵を待つ者は佚す、後に戦地に拠つて戦に趨くものは労す、故に善く戦者は人を致して人に致されず能く敵人をして自ら至らしむるものは之を利するなりと。敵先制の利を占めて攻撃し来るも我にも亦此の如き防禦の利なきにあらず、例へば撃剣に於て反撃（うちかへし）の如く敵のうちこむ太刀を受とむる瞬時に撃ち返へして敵を斬り得る事あり、且つ動を攻撃し来る敵には自然に虚を生じ来るものにして恰も撃剣に於て我をうたんとする敵が其の太刀をあぐれば自然に其の脚部以下に虚あるを発見し得るが如く敵の此虚点に乗じて我を利する事を得、戦術上に於て先制に対し之を受制と云ふ。然れども已に前段攻撃の利点を説明するに当り述べたるが如く防禦に伴ふ弱点少なからざるのみならず、攻者は大抵優勢を以て攻撃し来るが故に練達の防者にあらざれば受制の利を利用する事頗る難く鍛練の自信十分ならざる戦士のなす可きにあらず。受制の利を利用し敵の攻撃を受くるも之を報ずるは敵に対し我意図を隠蔽し然も敵の意図を知ることを得、然れども若し絶対防禦ありては我意図を隠くし敵の意図を知る事難し。

2、地形及防禦物を利用し得る事も受制に伴ふ防禦の利点なるは言を待たず。例へば港湾島嶼の形勝に拠り又敷設水雷防材等を設置して敵の攻撃を待つときは此等固定地物の利は我兵力の弱少を助けて大敵と抗戦するを得せしむ。陸戦に於ても地物が防者を利するは同一なり。然れども海洋戦（陸戦にては平野戦）にては固より此等地物の拠る者なし、加之海岸戦に於ても地物に拠り自ら防禦せんとするものは自然に其心底に潜伏せる怯懦心を誘発し地物を利し敵に対する我攻撃力を増加せんとするよりは寧ろ之を隠匿して自己の安全を図らんとするに傾き易きを常とす。此の如きに至れば地物も防者を利する事なく却て其害を蒙むるに至る。

逸を以て労を撃たる適例は日本海海戦なり。初め我は守勢に在りて敵を待ち敵「ホンユーへ」を出づるに及んで初めて攻撃に転じ逸を以て彼の労を撃ち所謂受制の利を占めたるものなり。若し夫れ旅順封鎖中敵駆逐隊夜に乗じ屢々出で丶我艦隊を脅かすあらば我艦隊は警戒に忙殺せられたるや疑なし。抑も逸を以て労に当るは多くは戦略上の事に属すと雖も若し旅順の敵駆逐隊動ずる事あらば吾は戦術上労を以て破れ、逸に当らざるべからざりしなり。

次に説明したる攻撃及防禦共に各利とする所ありて其利あると同時に害の伴へるを見るを得るなり。凡そ人生の百事其何たるやを問はず、利害は相伴ふものにして古人の云へる如く利害相半ばして十の利あれば必ず十の害あるものなり、故に利を見て害を知らざるときは得を忽ち失はざるべからざる事あり。然れども利害なるものは同時に相伴ふて起らず。大抵時を隔て地を異にして発生するものなり、例へば前節士気の興奮を攻撃の利点とせしも此利の起るは多くは攻撃の発端にして戦闘の初期には其勢力当るべからざるものあるも防者の抵抗を打破する事能はず、多大の損害を蒙りて時を移すときは士気次第に消尽し却て其反動として大沮喪を来すが如し。故に兵は用ふる点を通し適当の時機に害点を予防し以て其利果のみを収めざる可からず。則ち攻撃

の利を収めんとせば我士気昂りて未だ衰へず。且つ敵が防禦の手段を施す能はざる間に迅速疾風の如く急速に大打撃を加へて其地点に於ける攻撃の目的を達するを要す。孫子がよく戦ふものは其勢険にして其節短かしと云ひ又兵は拙速を尚ぶ未だ巧の久しきを観ざるなりと説きしも亦前記の利害の関係より来りし者にして害の生ぜざる間に拙劣なりとも迅速に利点を適用せざるべからざるを戒めしもの丶如し。

若し夫れ応用の方法を過らざる限りは固より攻撃の防禦に優る事言を待たず。加之戦闘の本旨は攻撃にして防禦の為めに戦ふの理なし、攻撃にあらざれば到底敵を圧するの目的を積極的に達成する能はず、只防禦は我兵力足らずして已むを得ざる場合か或は攻撃を開始する前一時の手段として之を利用するにあるのみ、仮令敵軍優勢なりと雖も巧妙の戦術を以て果敢なる攻勢を取るときは無形の勢力より有形兵力の不足を補ひ赫々たる大勝を獲得せしむる事古今海陸戦例の証明する所なり。

彼のナイルの海戦に於て Nelson は時已に黄昏なるに拘らず、敵を見るや否や直に攻撃動作を執りて先制の利を占め敵未だ戦備を整へざる前突進、急撃点を敵の隊列の前頭に撰み敵が首尾相救ふ能はざる間に其前半に占位せる敵の諸艦を撃破し尋で其後半に及ぼし殆んど之を全滅する事を得たり。

又 Trafalgar の戦に於ても英軍の艦数は仏西聯合軍に比して劣勢なるに拘らず同じ

く果敢なる攻勢をとり Nelson 及 Callingwood、両艦隊は殆んど直角に敵列の中堅に突貫し当時は不利なる戦勢にありしも旺盛なる士気を以て敵軍をのみ且つ先制の利を占めて敵の中堅を突破し遂に彼の大勝を得たり。

リッサー海戦も亦攻撃の利を実証する戦例にしてテゲトッフ提督の率ふる墺国艦隊は重複翼梯陣を以て単縦陣をなせる以(イタリア)国艦隊の中部に突貫し是亦敵を破るを得たり。当時テゲトッフのとりたる突貫衝角戦術の如きは固より適良のものにあらざるに拘はらず尚よく其効を奏したるものは主として先制の利は攻撃の迅速なりしに因る者と認めざるを得ず。

第二節　斉撃及順撃

攻撃法は又兵力の用法に依り之を斉撃及順撃に区別す。斉撃法とは我兵力の全部若くは大部を同時に使用して一斉に攻撃の目的を達せんとせるものにして其兵力の全部を用ふるときは之を総撃と称しぬ。其兵力を数部に分ち各部隊各個の攻撃目標を撰んで斉撃するときは之を分撃と云ふ。順撃法は我兵力の全部を一時に使用せず初めより之を数部に分ち各部隊順次に攻撃するの法にして、此等の部隊循環交代して攻撃を続行するときは特に之を循環攻撃と称す。兵学上に於て斯く明昼に斉撃と順撃とを区別すと雖も実戦に於ては必ずしも此区劃を存せずして往々両者相混合するもの少なからず。例へば攻者が其掌握せる兵力を三部に分ち其の第一部隊には正攻をなさしめ、第二部隊には之と同時に佯攻を以て敵を牽制せしめ、第三隊は予備隊として戦闘の初期には之を使用せず戦機の発展を待つて奇襲を行はしむるが如きは斉撃ともいふべく又順撃とも謂ふ可きものなり。本来予備兵力を用ふるは順撃法の主意に出でたるものなれども前記の如く当初の攻撃は兵力の大部を使用するときは寧ろ斉撃法に近似す。其他分撃法を執る場合等にも各部隊が同時に其攻撃目標に対して攻撃動作を開始するときは固より斉撃法に属すと雖も場合に依り必しも同時に発動せず。時を異にして攻撃するときは唯攻撃目標を分てるのみにて寧ろ順撃法と云ふを至当なりとす。要するに斉撃と順撃は兵力と戦時の関係とに基き同時一斉に攻撃するか異時個々に攻撃するに依り兵術の講究上之を大別したるに過ぎず。故に実戦に応用する場合には必しも此区分に拘泥するの要なし。斉撃法と順撃法は攻者が掌握せる兵力の精粗多寡其戦地の広狭難易及戦時の長短適否等に考へ、時と場合に応じて其何れを撰む可きかを決定す可きものにして両法共に利害得失より即ち左に各両法の利害を列記す。

斉撃法の利点

1、攻撃力を集中し其衝力を優大ならしむ。
2、攻撃時間を短縮し少時間に攻撃目的を達せしむ。
3、各戦術単位協同動作の利便を大にす。
4、各戦術単位の競争心を喚起し全軍の指揮を興奮す。

順撃法の利点

1、連続新鋭の攻撃力を攻撃点に注入し敵をして疲労困憊せしむ。
2、攻撃力を一時に消耗せず予備兵力を保蓄し戦機の発展を利用するを得。
3、兵力を大地域に分散せず指揮統率を容易ならしむ。
4、各戦術単位の戦闘力を極度に発揮せしむ。
5、運動軽捷なる事。

前記両法の利害は固より絶対的のものに非ずして単に比較的のものなり。而して両法の利害相反し順撃法の利は斉撃の害、斉撃の利は順撃の害たる事言ふを待たず。左に聊(いささ)か其利害を論述せんとす。

夫れ五指の交々(こもごも)弾くは一拳に如かず。攻撃力を集中して其衝力を優大ならしむるは、兵力を分離して個々に之を用ふるに優れるは理の当然たる可き所なりと雖も敵に比して我が兵力優大なるか或は戦地狭小にして大兵力を運用するも不便なるときは一時に之を動かして斉撃法を取る能はず。却て順撃法に依り敵の一点に連続新鋭の攻撃力を注入し之を撃破するを利とする事あり。例へば数戦隊一砲砦を攻撃し或は数艇隊の一戦隊を襲撃せんとする場合等に当り斉撃位を執るときは攻撃位地を占む可きを地域狭小なるを以て却て攻撃部隊混乱するの虞多は寧ろ順撃法により交々攻撃するを可とする事あり。又斉撃法にては一時に全兵力を用ふるが故に其攻撃点の撰定を過り或は敵の兵力を下算する等の原因より其攻撃功を奏せざるときは最早用ふ可き予備兵力なく却て順撃法にて予備兵力を保蓄し戦機の発展に乗じて之を利用するの優れる事あり。故に古来各将が兵を用ふる斉撃法と順撃法とを折衷し三分の二以上の兵力を以て最初の斉撃に従事せしむるもの多し。

然るに攻撃に於て各戦術単位間の協同動作は攻撃目的を達するに最も緊要なるものにて例ば一隊正攻をとり敵が之に対して全力を傾注するの際他隊が側面より横撃するか或は敵をして各方面の攻撃に力を分配して全面の兵力を薄弱ならしめ我攻撃に耐へざらしむるが如きは皆協同動作の効用にして此大利益を主として斉撃に依り得らるゝものなり。順撃に於ても協同動作為し得られざるにあらざるも之を斉撃に比すれば本来同時に動作せるものにあらざれば其機会を得る事少なし。此斉撃の利点と対補す可き順撃の利点は比較的兵力を分散せず、其指揮統率の容易なるにあり。斉撃法にては各部隊同時に攻撃動作を執らしめんとするを以て自然の結果として大地域に兵力を展開せざる可からず、之が為戦線延長して一指揮官の指揮の下に全軍を操縦する能はず。指揮官より遠隔せる部隊は戦勢の変化するに際し各独断専行を以て協同動作するの外なし。

其他斉襲法に於ては各戦術単位が協同連繫して一斉に従事するが故に孫子の所謂勇者独り征くを得ず怯者独り退くを得ざらしむるも用兵の原則に適合し各単位をして比較的均一の戦闘力を発揮せしむる事を得れども若し順撃法を以て各戦隊順次に個々の運動を執らしむるときは勇敢ならざる戦隊は或は適当の戦闘距離に入らず攻撃の効果を挙げずして帰る等の事なしとせず。然れども又他方より観察するときは順撃法にも利点なきにあらず、即ち各戦術単位をして比較的極度に戦闘力を発揮せしむる事是なり。斉撃法にては大部隊を長戦隊に展開するを以て狭正面の攻撃目標等に対しては自然戦闘距離を大にするの必要を生じ従つて各部隊は極度に戦闘力を発揮する能はざる傾向あれども順撃法によれば各部隊個々に適当なる戦闘距離に近接し自由に運動して有効なる攻撃を続行する事を得るなり。故に此点のみに就て斉撃順撃を混用する戦法あり、例へば前記四個戦隊を率ひ敵を攻撃するに当り主将自ら嚮導して先づ自ら率ふる第一戦隊を適当の戦闘距離に迫つて有効なる攻撃を開始し第二、第三、第四戦隊逐次に其位地に来りて攻撃を続行せしむるが如きは斉撃順撃折衷の戦法にして両者の利点を失はざるものなり。

士気を興奮する事は順撃法よりも寧ろ斉撃法を多しとす、是斉撃法にては各戦術単位が視界のうちによりて同一の目的に対し連撃動作するが故に人情の自然として各部隊間に相劣らざらんとする競争心を惹起するのみならず、全軍一時の活動に依り兵威を振張し優勝の観念を生ずるに至るを以てなり。順撃法にても或る程度迄は、部隊の競争心を喚起せざるにあらざるも到底斉撃の如く士気を興奮するに至らざるを常とす。トラファルガルの海戦は斉撃に依り士気を旺盛ならしめたる顕著なる適例にしてネルソン及びコリンクウードの率ふる両部隊は何れも其旗艦を先頭として一斉に敵列に突貫せしが各部隊相後れざらんとして互に先を争ひコリンクウードの旗艦ロヤルソベレーン号が先づ敵に触れて猛烈なる砲火を開始するや、全軍士気一層興奮して之を望見せしネルソン其人すらも連(しき)りに之を嘆賞し自励する所ありしは此海戦史の一光彩として後世に伝はり居れり。然れども斉撃に依り戦闘の初期に興奮せしめたる士気は仮令勝戦と云へども大抵終期迄永続するものにあらずして我損害及疲労漸く増加し決戦期已に経過したる後は全軍戦に倦んで又果敢なる進撃戦を続行するの気力なきに至り、従つて十分の戦果を収むる能はざる事あり。斯の如き場合には順撃の主意に基ける予備隊を使用し新鋭の士気を以て敵の困憊に乗じ戦果を収獲せしむるに如かず。之を要するに斉撃順撃各利害得失ありて大体に於て其可否を定め難く時と場合に応じ其孰れが有利なるやを考察して之を適用するにあるのみ。

艦隊は恰も陸軍に於ける密集部隊に等しく大なる衝力を要するときは集結したる大兵団を用ひて斉撃をなすも独立せる小兵団は其運動軽捷なり、是亦順撃に於ける一利なり。前記諸種の利害を綜合して此等の二法を適用す可き場合を区分すれば次の如し。

斉撃法をとる場合

1、我全力を運用するに足る可き地域あるとき。
2、敵の兵力比較的多大なるとき。
3、攻撃時間に制限あるとき。
4、我各戦術単位の練度に充分の信用なきとき。

順撃法を執る場合

1、我全兵力を運用するに充分の地域なきとき。
2、敵に比し我兵力二倍以上なるとき。
3、攻撃時間に制限なきとき。
4、各戦術単位の練度に依頼し得るとき。

上記の外多くの場合に於て両法を混用するを有利とする事已に前に摘記せるが如し。古来艦隊海洋戦の戦例を見るに対抗両軍兵力の差少き場合には大抵斉撃法をとらざる事なしと雖も現時の海洋戦には陸戦に於けるが如く多少の予備兵力を蓄ふる事有利なる可し。

抑も陸軍に於ける予備隊は不時の度に応ずる為と我兵力を適当に維持する為と決勝点を発見し得ば予備隊新鋭なる動力を以て決戦をなさんが為に備ふるものにして畢竟陸軍に於ては敵の状況を透明する能はず。従て其弱点は何れに存するや、敵我に奇襲を加ふる事なきか等容易に知り難きに依り、海洋戦に於ては彼我両軍概ね視界内にありて初めより敵の状況詳かなれば我全軍を以て敵の弱点に注ぎ別に予備兵力を有するに及ばざるが如し。然れども現時海軍兵力は著しく増加し戦闘部隊は益大ならんとせるも同一目的に向つては同時に二隊以上を用ふる能はざれば予備隊と称するは語弊あらんかなれども大部隊の一部は実際戦闘に与らざるものを生ずべく此等を予備隊として適宜戦場に行働せしめ時機を得ば直に之に乗じて敵を攻撃し、殊に敵敗走せるときは已に力戦せし部隊は疲労の極戦に倦み之を追及する事なく今迄得たる勝利に甘ずるの傾きあるものなれば此予備隊新鋭の意気を以て追撃せば得る所の戦果は多大なる可し。彼のトラファルガルの役の如き英軍は実に勇敢に戦ひしと雖も斉撃の結果全軍一様に疲労し残敵を処分す可き新鋭の別隊なく為に戦果を一層大ならしむる事能はざりしは即ち此適例なり。且つ又兵器の進歩に伴ひ近時の戦闘の勝敗は昔日よりも速に結著する如くなるも事実は之に反し戦闘距離増大せると戦闘に参与する兵力多大なるの故を以て容易に最終の戦果を収むる事能はざる可ければ斯る場合に予備隊の効力は偉大なるを察するに足るなり。

又大兵力を以て斉撃法を行ふ場合には攻撃目標を分てる所謂分撃法を取るを可とす。特に多数の駆逐隊水雷艇隊を以て夜中敵艦隊を襲撃する場合等には殆んど分撃法にあらざれば却つて友隊相混乱して衝突等の危害あるを免かれず、彼の日本海海戦の如きは分撃法の一なり。

若し攻撃目標一若くは二なるときは斉撃を避け順撃法により交々襲撃するを利ありとす。

海岸線即ち敵の碇泊艦隊を攻撃するか或は要塞と協力せる敵を攻撃する等の場合には地域に制せられ適当の戦闘距離以内に於て大兵力を運用する事難ければなり。（地域狭小ならざるも布設水雷等の為に我行動区域を制せられ大部隊の運動には適せざる可きなり）ナイルの海戦は海岸線にしてネルソンは時間に制せられ急劇なる斉撃法を執りしがため当時戦場附近の海図粗略にして最も操船に熟練したる英軍の各艦長も大に運用の困難を感じ友艦の坐礁するものあるに至れり。

順撃法の一種にして比較的有利なる戦法は循環攻撃法なり。此法に依るときは攻撃部隊循環交代するが故に各部隊十分に其戦闘力を発揮し攻撃を終りたる部隊は暫く休憩して鋭気を養ひ且つ戦闘の被害等を複回し得るの利あるのみならず敵に対する攻撃を間断なからしめ遂に我が連続の攻撃に耐へざらしむるに至る。我戦国時代の陸戦戦法中敵の堅陣を被るものとして世に云へる車掛との攻撃法の如きは此の循環攻撃の原則を応用せるもの丶如し。艦隊の海岸要塞戦等に於て一砲砦より順次に撃破せんとせるが如き場合には此法を用ふるを最も有利なりとす。

第三節　戦闘距離に基ける攻撃法の種別

遠戦、近戦、接戦。

攻撃は又其戦闘距離の遠近に依り遠戦、近戦及び接戦の名称を以て種別せらる。若し之に適当の名称を与ふれば遠撃近撃と謂ふを可とす。此三種の攻撃法は兵器の素質及び其の進歩の程度に準じ常に一定の標準を立つる能はず、陸戦に於ては銃火の効力に準じて遠戦と近戦とを区別し、白兵の効力を見るに及んで之を接戦と称す。海戦に於ても兵器の進歩せざりし Nelson 時代には戦闘距離約三百米突の内外を以て近戦と遠戦とを区別し舷々相摩するに至り之を接戦と称せり。爾来砲熕の効力著しく発達し且つ魚雷の出現するに至りたる今日に於ては蓋し左の如く種別するを時勢に適合するものとす。

1、遠戦　戦闘距離約五千米突以上のもの。
2、近戦　戦闘距離約五千米突以内のもの。
3、接戦　乙種水雷の有効距離約一千米突以下のもの。

以上は現時の標準にして武器の進歩は廃止する所なきが故に今日の遠戦も亦将来の近戦となるべきは理勢のまさに然らざるを得ざる所なり。

遠戦　遠戦は武器の効力を減少する事大なるのみならず戦術上の奇法の攻撃を施すに便ならず。故に決戦の攻撃法として之を用ふるは適せず、特に短時間に勝敗を決せんとする場合に於て然りとす。蓋し遠戦の利とする所は、

1、戦勢の変化少き為め敵の奇襲等を受くる虞少なし。
2、武器の効力少きため有利の戦勢を作成するに危険少なし。
3、我優大なる兵力を以て奇襲を行ふも能く闘力を均一に発揮し得。
4、戦勢を作るに当り大角度の変針をなすもさしたる害なし。

不利とする所は、
1、射撃効少く勝敗に時間を要し弾薬を浪費す。
2、遠戦に於て惨害を永く目撃するときは士気沮喪す。
故に進て一と思ひに決戦するに如かず。
3、奇襲を適当に応用し難し。
故に持久を目的とせる対持戦或は決戦をなすの準備或は又敵状偵察を目的とせる偵察戦等には主として遠戦に依るを可とす。加之多大の兵力を以て同時に斉撃を行はんとする場合等には其決戦たると否とを問はず全軍の戦闘力を均一に発揮せしむる為め已を得ず遠戦に依らざる可からざる事あり。然れども一指揮官もし遠戦に依り敵と勝敗を決せんとせば弾薬の浪費と戦時の延長は予め覚悟せざる可からざるのみならず、自家得意の戦法も之を施すの機会なく遂に其勝敗を決するの所以にあらざるを発見す可し。

近戦　近戦は射撃の効力大なるを以て有利なる戦勢の下に之を行ふとき短時間に敵に大打撃を与ふる事を得るなり。故に決戦にありては主として近戦に拠らざる可からず。然れども戦闘は初期より戦勢の如何を省みず、猛進して近戦を行ふ事頗る難きを以て大抵遠戦に依りて有利の戦勢を形成し然る後近戦に移るを順当とす。

不利なる戦勢の下に近戦するは有利なる戦勢を以て遠撃するに如かざる事言を待たず。特に大部隊を率ひて近戦せんとするときは往々其隊の一部のみ近戦距離に入りて力戦するも其過半は却て適当なる戦闘距離に至らずして友軍の苦戦を傍観せざる可からざる事あり。斯くの如き場合には却て遠戦して全軍の戦闘力を均一に発揮せしむるを利ありとす。要は唯戦勢の如何に注意するに在り、若しそれ戦勢我れに有利なれば優勢の敵と対し対持戦又は退却戦等を行ふ場合に於ても可成的近戦するを可とす。是れ却て敵をして其全力を我に集中せしめざる最上の方便なればなり。之れに反し劣勢寡少の敵を撃滅せんとするに当りては濫りに之れに対し近戦せんよりも寧ろ遠戦に依り我全力を均一に発揮せしむるを安全とするにあり。

接戦　接戦は魚雷を主兵とせる駆逐艦隊水雷艇隊等には之に拠らざるべからずと雖も砲熕を主兵とせる艦隊の攻撃法に適せず、是れ戦術上好んで魚雷の有効距離内に入るの必要なく砲熕の動力も射撃目標の移動射距離の変化、急遽なるため却て近戦よりは減少するのみならず、戦闘は彼我個艦の対抗に変じ隊形を編制して全隊の協同動作を主とする戦術の本旨に悖戻するを以てなり。蓋し戦闘接戦に入れば最早艦隊戦法を施す可き余地を存せず所謂個兵の格闘と化し去り易く遂に乱戦に混闘又収拾す可からざるに至る可し。故に接戦は決して艦隊の行ふべき攻撃法にあらずして唯戦勢已むを得ざるに至りて之を行ふ事あるのみ。

往時 Nelson は一種の接戦戦法を慣用し Nile に於ても Trafalgar に於ても之に依りて大勝を獲たり。Nile 海戦前 Nelson 部下艦長に訓令して曰く、唯進んで敵に接近し舷々相摩して戦へば我意を得たるものなりと、是れ実にネルソンの戦法の骨子にして当時速力遅緩なる帆船に弾着四百米突以上及ばざる砲熕を装載し殆んど停止して戦ふ場合には此の如きにあらざれば以て勝敗を決する能はざりし事、尚ほ現時は海戦に於て近戦距離に入らざれば決戦する事能はざると一般なり。Nelson 決戦主義は吾人も亦今日之に倣ふを要すと雖も其形式は現時の艦船を以て到底之を施し得るものにあらざるなり。

之を要するに遠戦、近戦及接戦の種別は当時の兵器の効力に基き戦闘距離に準じて之を差別したるにすぎざるものにして其中庸を得たる近戦距離は即ち決戦距離にして、換言すれば決戦に適当なる戦闘距離を近戦に撰み其前後を接戦と遠戦とに種別するを至当とす。而して現時の決戦距離は艦船の攻撃力、及運動力即ち戦闘力に稽(かんが)へ一千乃至五千米突の間にある可し。此以外に於ては完全の敵の装甲を貫破する砲熕なり、命中の精度も著しく減少し以て勝敗を決するに至らず、又其以内に於ても亦却て射撃の効力を減却し且つ六隻以上の艦隊を以て機宜の戦法を施すの余地を存せざるなり。

第四節　正奇の方術的攻撃法

兵術の大小を問はず攻撃法に正法、奇法の別あり。力争の如何なる種類を問はず正法奇法を巧みに用ふるにあらざれば得る所の効果少なし。彼の角力に於ても力攻すれば正なり、斯く力行する間に所謂手を以て倒すは奇なり。人の相議論するや正々堂々論理を以て相争ふは正なり、人身攻撃を加へ其人を怒らしめ次で能く敵を制するは奇なり。乃ち知る、速に敵を制し大なる戦果を挙げしめんと欲せば正法を以て相争ふ間に奇法を以て之を圧倒せざる可からざる事を。正法奇法は之を方術上に於けるものと心術上に於けるものとの二者に分つを便とす。本章論ずる所は専ら方術上の正法なり。敵の弱点に乗じ寡を以て衆をうつは方術上の奇法なり。敵白昼吾が兵力を現はして戦をなすの威勢を示すは心術上の正法なり。夜に乗じ敵の虚を撃つは心術上の奇法なり。優勢ならば正法をとる可きも劣勢ならば已むを得ざる場合の外奇法を用ひざるべからず。抑も正法は力争に陥るが故に殺人減法を致し戦果従つて少なし、故に優者と雖も奇法を用ふべきなり。要するに戦術の妙は奇法を用ひて戦果を大ならしむるにあり。孫子曰く凡そ戦は正を以て令し奇を以て勝つ、故に善く奇を出すものは究りなき事天地の如しと。夫れ奇法にあらざれば戦果を収むる少しと雖も敵に寸毫の虚なく正々堂々相対峙するときは奇も得て施すに所なき事あり、故に戦術の大体に正なりと言はざる可からず。仮令ば角力の如きも十分の力を備へ先づ力を以てせず徒らに手のみにて勝たんとするは大関のなす事にあらずして万一の勝利を堵する者に等し。一国の安危に堵する戦争に於て之を双肩に荷ふもの単に奇法を算すべきにあらず、必ず先づ力を以て相合し虚を生じたるとき初めて奇法を用ふべきなり。彼の乙字戦法の如きは我に実力あらざれば之を用ふる事能はざる事明かなるところにして一隊は力を以て正々堂々相対峙し他隊は敵の弱点なる翼端を攻撃するものにして正奇併用の典例なり。前述の如く正法は殺人滅法に終るが故に奇法を以て効を収めざる可からずと雖も正法を用ふる外他に手段なきことあり。此場合に於ては計謀を以て敵を虚にし以て我を優に転ぜしめ之を以て敵の虚に加へざるべからず。是れ即ち虚実の術生ずる所以にして事心術に関するが故に応用戦術に述ぶる所あるべし。

奇法の利かくの如しと雖も恰も角力道に四十八手の表裏あるが如く奇道に裏の裏ありて孫子も奇正の変究むに勝すべけんや、奇正相正し循環の端なきが如し。孰れが能く之を究めんやといへり。正奇の方術的攻撃法は分つて三種とす、正撃横撃叉撃是なり。正撃は正面攻撃の謂なり、陸軍にては正面即ち行進方向なれども海戦に於ては艦船行進方面にあらずして攻撃用武器の併列位置につきて云ふなり。正撃は直に力争するが故に殺人滅法に終り勝つを得るも其戦果少なし。されば優者若くは均勢なる場合に限り劣者のとるべき攻撃法にあらず。先づ彼我の比二と三の割合をなせば安全なりとせんか、正撃は力攻にして一般には効果少き事前述の如しと雖も用ふべき時機に之を用ふるときは効果頗る大なる事あり。即ち退却せんとするが如き敵に対し正を以て圧するときは、敵は其勢に怖れて意気沮喪する事あるが如き是なり。

横撃は一翼或は側面を攻撃する所の側面攻撃にして所謂丁字戦法是なり。海戦に於ては彼我共に運動力迅速なるが故に好位置を占むる事難きのみならず一旦之を得るも永続すべき事容易にあらず。実験によるに好位置を保つ事十分時ならんには上の上なる可し、然れども斯かる短時間ながら此時間こそ勝敗を決す可き好時機なるが故に此機を逸せず、全力を傾注せざるべからず。彼の日本海海戦に於て東郷将軍が其報告に勝敗已に此間に決せりとなせる時機は即ち丁字を画きたる時にして露軍の損害が多大なりしなり。一旦丁字を画きたらんには可成永く之を持続する必要にして之をなすには一斉回頭と変速運動の二法あれども両者各々利害あるのみならず、何れにせよ極度の域に達するは難しとする所なれば熟練せる方法によるを得策とす。

叉撃は正奇即正撃横撃の併用法にして所謂乙字戦法之なり。此攻撃法に於ては正奇の両隊間に有形無形の連絡即ち協同動作のよく行はるゝにあらざれば其効果大なる能はず。蓋し正撃に当るものは損害大なる事勿論なれども能く之を忍んで他隊をして横撃を加ふるに便ならしむべきなり。若し夫れ両者の連撃行はれず、正撃の苦戦に当るものの能く之に耐る能はずして漫りに避くるの挙に出でば横撃に当る隊は十分に敵に加ふる事能はざるに至らん。されば叉撃に於ては常に奇撃隊を基準とし其行動に従ひ以て協同動作を完からしむべきなり。日本海海戦に於ける戦策に於て第一戦隊を基準とすといへるは誤なり。然れども海戦に於ては運動力大なるが故に陸軍に比すれば協同動作困難にして従て叉撃の実施は容易ならず。

一旦叉撃せらるるときは之を脱する事困難なるのみならず、之を脱するに時間を要し其間蒙る所の損害は多大なるが故に勉めて斯る悲境に陥らざるを要す。古来此攻撃法は卍字戦法と云へり。以上の三攻撃法は正奇の応用の最も正しきものなり。其他正奇の応用の変則とも見るべきもの三あり。以下少しく此に説及せん。

挟撃　挟撃は一見叉撃の如しと雖も、正と正奇と奇を以て、敵を挟むものにして叉撃の如く正と奇との併用にあらず。此攻法に之を施し得たる場合は我に有利なる事勿論にして敵は主砲を同時に両舷に用ふる能はざるのみならず、

両舷に敵を受くるが故に弾薬供給困難なる可く殊に奇と奇に依り挟撃せられたる場合は最も苦痛を与へ得べきなり。然れども之を行ふ時機容易に至らず、且つ我は敵の為に分離せられ協同動作を採る事困難なるが故に挟撃の方法宜しきを得ざるときは却て個々に撃破せらるゝ事なしとせず。故に此攻法は偶然之を行ふ時機来らば之に乗ずべき事は勿論なれども初めより好んで採る可き方策にあらざるなり、彼の Nile の海戦の如きは会々(たまたま)碇泊せる敵艦に遭遇し偶然之れを行ふの好機会を捉へ得たるものにして海洋戦には決して期待し得べき戦法にあらず。

囲撃　是れ包囲攻撃にして正奇併用の一戦法とし見る可く或は叉撃挟撃の併用とも見るを得べし。囲撃は陸戦にて難しとする所にして況して運動力大なる海戦に於ては容易に之を行ひ得べきものにあらず。たとひ之を行ひ得べき時機ありとするも我は敵よりもはるかに優速優勢にして少くも勢力四倍以上ならざるべからず。孫子も大なれば囲むと云ひ其漫りに用ふ可きものにあらざるを訓へたるは至言なりといふべし。仮令優勢なるも包囲軍は勢力を分散するが故に連絡を保つて容易ならざるのみならず彼囲軍にして決死の覚悟あらば所謂窮鼠猫を噛むの譬へと違はず、敵若し囲を突破せば我が蒙る所の損害は多大なる可し。故に包囲軍には一方に血路を存し置き敵をして生ん事を考へしめ以て決死の勇を生ぜしめざるを要す。右により図の如き場合に於ける戦法は乙丙は敵を攻撃する事なく甲のみ之が攻撃に当り敵をして一方の血路たる河を渉るの挙に出でしめ、中途急に攻撃するを良策なりとせるもの即ち是なり。

旋撃　即ち旋廻攻撃は敵静止せるか或は劣速なるか若くは陣形混乱して一地に諮阻竣巡せるが如き場合に用ふ可しと雖も、概して運動せる敵に此攻法を加ふる事甚だかたしとす。敵の陣形の如何により或は正となり、或は奇となる可しと雖も、彼我速に差少きときは多くは力争に陥り易く寧ろ此法をとらざるを可とす。彼の円戦術の如きは敵の先頭を旋撃するを目的とせりと雖も敵も亦運動せるが故に彼我等しき戦勢を持して相力争するに終るべし。

之を要するに凡そ敵を攻撃するには戦略上兵力の用法先づ定まり依て以て斉撃を用ふるか順撃による可きかを決定す。於是乎、指揮者は与へられたる兵力を如何にして有利に利用すべきかを考慮し戦勢が有利ならしめしが為め正奇両者を如何に用ふ可きかを決定し更に進んで戦勢如何と兵力の優劣に鑑み遠戦を撰ぶか或は近戦を採るべきかを決定せざるべからず。

適当の時機に適当の地位に適当の兵力を集合する事は兵家の秘決なり、即ち戦勢の鑑察と戦機の撰定を肝要とす、然して之をなすの途只戦場を多く蹈むの外なし。然れども戦争は国家安危にかゝるところ之を濫りになすべきにあらず、故に吾人は戦略上の事は図上演習、戦術上の事は兵棋演習若くは実地の演習に於て之を修得せざるべからず。

指揮者に戒むべき所は其乗艦を眼中に措く事なく全隊を以て己れの念となさゞるべからざるにあり。

戦勢をして常に有利ならしめんと欲せば敵の方向及距離を考へ且つ彼我が位置針路を記憶せん事を要す。彼の蔚山沖海戦に於て数合の後我軍南下し過ぎしため敵に北逸機を与へたるが如きは抑も彼我の位置と目的とを忘却したる所以にあらざるなきか、黄海海戦に於ても敵旗艦の破損回頭後は我艦隊は北上し過したために二三の巡洋艦に南下の機を与へたるも亦其一例として見るを得べし。

第三章　戦　法

戦争（即戦略）戦闘（即戦術）の目的は敵を屈するにあり。其手段は敵要地の破壊、交通の絶断等種々あるべしと雖も敵を屈するに最も捷路なりとする所は敵の撃滅にあり、換言すれば戦略戦術の目的は帰する所は敵の撃滅に在りて存す、撃滅が主眼の目的なりとすれば戦略巧妙に行はれて兵力の集中能く行はるゝも戦術巧ならざれば之を果たす能はず。反之戦略少々拙劣なるも戦術巧妙ならんには兵戦の目的たる撃滅必しも期しがたきにあらず、是れもとより戦略と戦術とを決戦の上に於て比較したる極端論に過ぎずして敢て戦略の拙なるも可なりと云ふにあらず、蓋し戦略にして拙ならんには戦術巧妙なるも其戦争に危険なる戦たるのみならず敵の術力は人為を以て測りしるべからずして敵を下算するの弊に陥るべきが故に兵家は常に戦略の研究を怠る可からずと雖も単に決戦のみについて云へば戦術の巧妙は戦略の不備を償ふに足るべきを信ず、戦略の拙は戦術を以て之を補はざるべからずとせば戦術の研究は最も緊要なるものゝ一なる可し。

第一節　決戦に於ける戦法

戦術研究上兵家の区別一ならず兵器を以てする者あり。地理に基くものありと雖も隻数に基く所の艦隊戦法駆逐隊戦法に区別して之を編せんとす、艦隊戦法は戦術単位即ち戦隊の戦法或は戦略単位即ち艦隊（大艦隊）の戦法に関し駆逐隊戦法は駆逐隊水雷艇隊の戦法に関する者にして今日適当の名称を得ざりしが故に暫く戦法の名の下に戦隊艦隊も含ましめたり。

以下説く所は決戦に於ける戦法とす。

Aの艦隊戦法は次の如く区分す。

(1)単列艦隊戦法
- (イ)単列艦隊対単列艦隊戦法
- (ロ)単列艦隊対複列艦隊戦法

(2)複列艦隊戦法
- (イ)複列艦隊対単列艦隊戦法
- (ロ)複列艦隊対複列艦隊戦法

(1)単列艦隊戦法

(イ)単列艦隊対単列艦隊戦法

基本隊形は単縦陣なる可きが故に彼我共に決戦をなす場合には同行する反行の平行戦となり、而して反行戦時は巴形となるを普通とす。此の反行戦の場合に於て速力の優劣は勝敗の数に殆んど関係なしと云ふも可なり。彼我の対勢は常に同一なればなり。同行戦に於ても劣速艦隊は内圏を採る限りは速力は亦勝敗の数に関係なし。唯複列艦隊に在りては速力大ならざれば協同動作完からず、且又追撃戦避戦の場合には速力甚だ必要なるが故に造船上速力を等閑に附す事能はざるは素より其所なれども彼我の単列艦隊が互に決戦をなす場合のみに就て論ずれば速力は左程重大の関係を有するものにあらず。平行戦にありては勝敗の数は一に砲術の優劣に関し且つ両者力戦苦闘に陥り損害互に大にして勝者の得る所の戦果も甚だ少なかる可く、而して勝者と雖も其受くる所の損害は大に次回の戦闘に関係を及ぼすのみならず、両者の疲弊損害は時に第三者に漁夫の利を占めしむる事なしとせず。故に単列対単列の戦闘に於ては兎角乱れ易き平行戦を避くる事に注意せざる可からず。

然らば如何なる戦法を用ゐるしか、曰く各交戦地に於ける兵力の優なるものは勝つべき事優勝劣敗の示す所にして吾人は此原理に依り我兵力を以て奇撃を敵の先頭に加ふるにあり、即ち之を丁字戦法と云ふ、是れ単列対単列の戦法なり。然れども敵が拙なる運動をなさゞる限りは斯る有利なる丁字の戦勢を得る事難し。之を以て戦闘の初期にありては勢ひ正を以て力争し、敵に虚を生じたるとき機を失せず丁字を画くの外途なし、故に遠戦に於ては正を以て合し近戦に於て敵の虚を生じたるに乗じ初めて丁字を画く可きなり。

丁字の対勢に於て困難なりとする所は此の対勢を長く保持するの途是なり。之れが保持の途は適当の時機に於て八点或は十六点の斉動を行ふか或は又減速運動をなすによると雖も前者にありては兎角列乱れ易く（殊に横陣なるとき）又此運動を行ふ間に敵も亦適宜の運動をなすときは戦勢の変化すべきも急速之れに応ずる能はざるのみならず斉動をなして逆列となるときは長官の素志と部将の意志と相隔絶し部将の運動にして適当ならざるときは其後の行動に大に差嚮を及ぼし主将も意の如き運動をとる能はざるの不利なきにあらざるが故に平素訓練周到ならざる可からず（現に日本海海戦に於て逆列となりたるとき部将は主将の意のある所を解せず無闇に直進せし事ありて東郷提督は再び斉動を行ひ順序に復するの已むを得ざらしめん事ありしと云ふ）。

丁字は正しく丁を画き得る場合甚だ稀なり。必しも正しき丁字たるを要せず、イ字となるも妨げずと雖も我隊の曲列となる場合には其曲度極めて緩なるにあらざれば時に斉動を行ふの時機に際するも之を行ふ事能はざる事あり。故に敵前に於て正面を変ずるには出来得る限り一点二点との角度を止め且つ如何なる場合にも四点以上を行はざるを要す。

敵を個々に破るは戦術上の要義にして即ち優勝劣敗の兵理の教ふる所なり。丁字戦法は此要義より生じたるものにして一旦敵に丁字を画き得たるに於ては砲火を敵の翼端に集中するを要す。戦術上の見地よりせば列端は最も薄弱にして且つ概ね我隊の諸艦より最も近距離にあり。而して其列端にして敵の先頭ならんには主将の坐乗するありて此一艦に集弾破壊するを得ば敵の頭脳を打破せるものにして敵の後続諸艦は目前に其惨状を睹(み)るが士気の沮喪を来たさしむる事最も大に且つ又友艦にして之を援ふが為に不利の不運をとらしむるに至る可き事蔚山の海戦に於けるが如く或は又其進退の自由を失ひて延いて全艦を錯乱せしむる事黄海海戦に於けるが如くなる可し、然も我は敵の水雷を危懼するを要せず。然しながら必しも先頭と限らず其殿艦たるに於ても之に丁字を画きて集弾し以て一隻宛(づつ)順次に破壊するの利益は決して少小にあらず。之を砲術上の見地よりするに一艦に集弾すると最近の敵を撰んで各艦個々の目標に向ひ分火砲撃するとは今日尚ほ多少研究の余地ありとするも常に我れ最も近き敵艦を撰ぶときは方位距離の変化は勿論目標は対勢の変ずる毎に変化し従て照尺の調整に暇なく却て射撃の効果を減ずる事なしとせず。然るに列端は目標として指示するに最も容易にして且つ単縦陣に在りては列端最も我に近きを常とするが故に之に集弾するを利とすべし。果して砲術上一艦に集弾を利なりとせば戦術上の見地と相一致し自ら敵を個々に撃滅する事に帰す。されば丁字を画き得ば其列端に集弾し敵を個々に撃破すべきなり。

然れども八隻編制の一隊が総て敵の一艦に集弾する事は必ずしも利ならざる場合多し。蓋し2800米突の長さに渉る艦隊が首尾等しく一艦に集弾し得る事難きは勿論にして今日行はる丶一斉発火式射法に於て八隻が一の目標に向つて之を行ふときは其弾着観測は極めて困難なるべし。風波高きときは殊に然るべきなり、人或は無線電話を以て艦隊全部の一斉射法を行ふべきを説くあれども今日尚其程度に達せず。今日何隻迄一の目標に向つて一斉射法を行ひ得べきやは研究時代に属し未だ断定を得ずと雖も吾人は八隻編成の艦隊にあつて四隻宛敵の一艦に集弾するを適当の処置となす。

(ロ)単列艦隊対複列艦隊戦法

戦法として採るべきは複丁字戦法と云ふ、然れども敵を一にして戦ふ事を要す。均勢或は劣勢のもの複列となすものあらば大なる誤謬にして勢力集中の理に背くものなり。されば複列艦隊は其二隊を合すれば単列艦隊より勢力優大なるべきは勿論なり、故に単列艦隊は敵の両隊をして合せしめず常に其一と戦ふ如く行動する事を要す、而して其一のみに当り得たる場合には単列対単列なるが故に丁字戦法を用ふ。

然らば敵を一にして戦ふの方法如何。曰く敵の両隊を常に同方向に見るにあり。

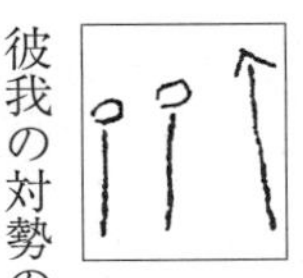

之と同時に敵と常に同行するに在り、又反対に航過するときは敵の両隊は我に乙字を画き得るに容易なりと雖も同行して敵の諸隊を常に同方に見る如くするときは敵乙字を画き我を叉撃するの機会を得る事難く、彼我の対勢の変化する事少し。単列艦隊が複列と戦ふに当り注意すべきは常に敵の叉撃を蒙らざる事を勉むるにあり、若一たび其叉撃位置に陥るときは之を脱する事容易ならず、速力優越なる場合と雖も之を脱する迄に致命の損害を蒙むるを免かれず。

(2)複列艦隊戦法

(イ)複列艦隊対単列艦隊戦法

複列艦隊の各部隊個々が単列の一隊より劣勢なるときには協同動作宜しきを得ざれば個々に破られ易し。例ば四隻の二隊が却て六隻の一隊の為めに敗北する事兵棋の上に屢々見るが如し、然れども十二隻の単隊よりも六隻の二隊となし能く協同働作を採らしむるときは十二隻の一隊よりも操縦自在にして八隻の単隊に対し有利の戦勢を占むるを得べし。

複列の単列に対する戦法は即ち乙字戦法にして敵を叉撃するにあり。即ち一隊は正撃となり他は奇襲となる。抑も正奇の運動には有形無形の連撃を必要とす。有形の連繋を欠けば乙字の形を離れ叉撃を行ふを得ざるなり。而して乙字を画くには艦隊は速力の優越なるを要す。一たび乙字を画き得たらば是恰も敵に致命の打撃を与へ得べき時機なるが故に全力を傾倒せん事を要す。

有形の連繋は乙字を画くに必要なる事見易き道理なり。複列の艦隊にありては有形の連繋のみならず、無形の連繋を必要とす。若し此連繋なければ一旦画きたる乙字より敵を脱し易し。蓋し正撃隊は苦戦の力闘に当るが故に意志の連繋なきときは正撃隊は其苦痛に堪へずして正面を変じ或は斉動を行ひ非戦闘側に避くるに至り折角画き得たる乙字の叉撃より敵を脱離せしむ。故に連繋を保つには正撃者は苦痛を忍んで奇撃隊を基準とし其運動に後れざる可からず。我日本海海戦前定められたる戦策中常に第一戦隊を基準と立つるの語あるは全然誤謬なり。

複列艦隊が乙字戦法を行ふに準備運動として必要なる事左の弐件にあり。

1、陣列して中心の隊形を保たしむる事

中正とは己れの虚を示さず何れへも偏せざる事、恰も剣術に於て力を正面中央に構へたるに等しきを云ふ。

力を正面に構へたる場合に於ては敵の働作に応じ如何様にも吾は之に応じ得る

なり。複列艦隊も中正の隊形を構へず併列をなすときは敵が側面に出でたるとき反対側の我が一隊は急遽に之に応ずる能はざるなり。

2、速力大なる隊を後尾に列する事

速力大なるもの先頭にあるときは兎角有利なる対勢を占めんが為め其速力を利用して突進し、ために有形の連繋を欠くに至る事少なからず、為に首尾相呼応して協同働作をなす事困難なり。

(ロ)複列艦隊対複列艦隊戦法

戦法は単列に対すると同じ乙字戦法を用ふ、然れども彼我共に均勢なるときは彼我両者の利とする所相同じ故に機先を制したるもの能く敵を苦しめ虚を生ぜしむる事を得べし。敵若し虚を生ぜば一瀉千里の勢を以て之を攻撃す可きなり。此場合に於ても中正の構をなすは同時に速力優大なるものを後方に列す可きなり。此理は二隊以上の場合殊に明瞭なり。蓋し一交戦地に於て一の目的に向ひて二隊以上を当らしむる事難し。故に第三隊は恰も予備隊の如くなるべきが故に中正の態度にあれば能く戦勢に応じ易かるべし。例へばaがAの先頭を圧せんとすればAも亦之に対し平行戦となる。於是(ここにおいて)b其背後は奇撃を

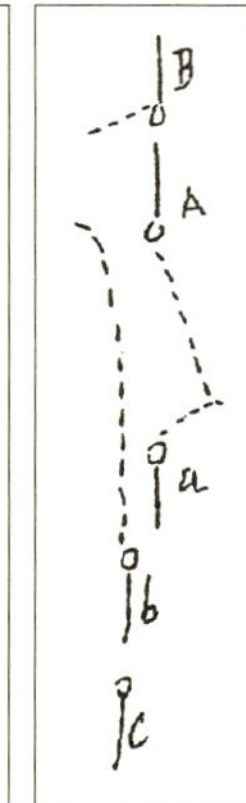

加へんとすればB亦之に応じ平行戦となる可し。

是に於てCは状況に応じ其一に応援せざる可からず。然るに今中正の位置にあらずして本隊の右方にあらんか、若し右方の味方に応援すべき場合に迫るも之に応ずる事中正の位置にあるに比すれば容易ならざる可きなり。又此の場合速力の優大なるべきを要する事は言はずして明なり。

運動力少なき場合即ち陸軍の如きに在りては甲図の如き対勢となるは勢の免れ難き所なれども運動力大なるものにありては乙図の如く個々戦隊の対抗となる。或は二個戦隊の対抗となりて分離する事自然の結果にして従て有形の連繋を失ふを常とす、故に無形の連繋を保ちて機を見て再び自隊相合するの行動を採り以て一たび失ひたる有形の連繋を保持するに努む可きなり。

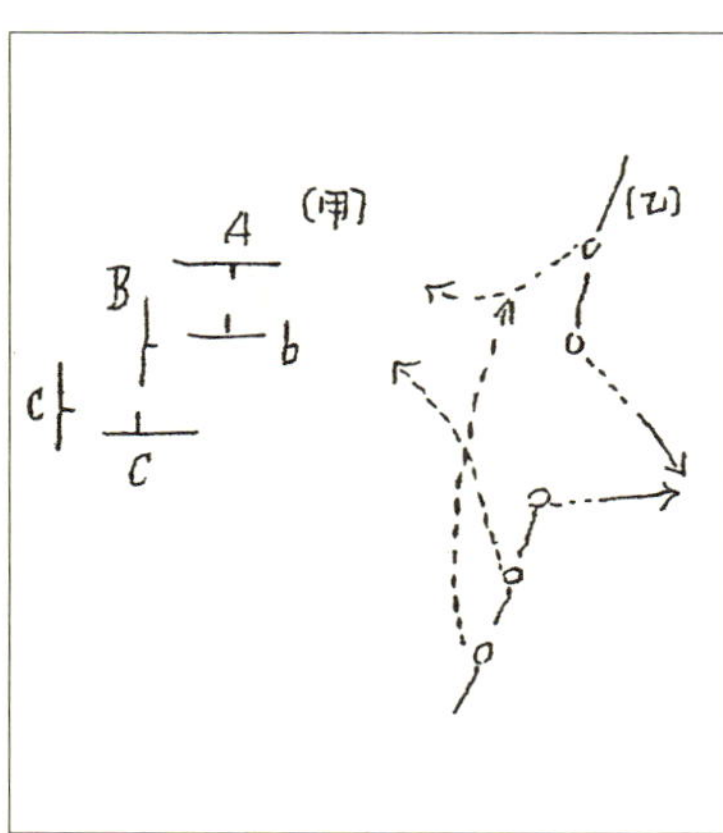

中正の位置を採らざりし為め不利を招きし一例は日本海の役露軍の併列を以て開戦したるもの之なり。

惟ふに初め我第三戦隊及第三艦隊を望見したる際単列に復し置く可き筈なるに依然其態度を改めざりし為め我主隊の近づくに及んで倉皇単列を採らんとしたるも機已に遅れ為に大打撃を蒙るに至りたり。

（附言）

決戦を期したるときになすべき準備は、

1、合戦準備、是れ勿論の事にして言を待たざる所なり、而して之れ長官の令すべきものにして艦長は弾薬の供給を十分にし十分の汽力を保つべきなり。

2、乗員に食事せしむ、是れ艦長のなすべき事に属し兵員をして脳力を沈静せしむ。

以上二件は戦術上の要求にあらざるが故に必しも長官の採らざるべからざる処置にあらず、艦長に委ねて可なり。而して戦術上採る可き必要なる事項は次の二項なり。

3、乗員を鼓舞するの手段を採る事 trafalgar に於ける Nelson の信号※の如し。

4、已に言ふが如く諸隊の中正の位置に列し速力優大なるものを後方に列する事。

従来屢々長官が適当の距離に入らば打方始めの命令を下すを常とす。然れどもこれ砲術上の命令にして当然艦長のなす可き事に属し戦術上の命令にあらざるが故に長官のとる可きものにあらず。（※編者注・England expects that every man will do his duty）

第二節　追撃戦法

上来述ぶる所は決戦に於ける戦法にして凡そ戦闘は決戦を終るには互に相分るゝ事あれども戦闘の真目的を達せんには自然一方は追撃となり他は退却となるを普通の事となす。戦闘の始めより退却の意志を以て避戦をなす事ありと雖も茲に論ずる所は決戦後に生ずる追撃及退却に関するものなり。

追撃及退却戦を論ずるに当りては単に砲術上即形の上のみに就て之を論ずるを得ず、勢ひ心術上の事は加味せざる事能はず。基本戦術に於て此事を加味するは聊か不当なれども亦已むを得ざるなり。

追撃戦は劣者優速なるか或は優者劣速なる場合には起る事なし。優者優速にして初めて追撃戦を生ず、故に追撃戦、退却戦に於ては速力は至大なる関係を有す。

決戦後追撃猛烈なれば其効果は偉大にして戦果を収得するに此時機にありとす。蓋し退却するものは軍規志気共に萎靡し敗走の一念に駆られ其気自ら困憊して遂に屈するに至る。退却が兎角敗走になり易きを見る事殊に陸軍の戦例に多し。故に勇者は戦果を収むるに此好機を利用すべきなり。惟ふに敗北者には予想す可からざる恐怖心の起るものにして古兵家も此時機を利用し戦果を収めざるは其罪敗走するよりも重しと云へるもの吾人の忘る可からざる金言なり。然れども目前の小戦果に甘んじて追撃をなさゞりし戦例は古来決して少なからざるなり。蓋し収め得べき戦果を収めざる結果は嗣後の戦闘に影響を及ぼす事多大にして日露の役遼陽戦に於ても沙河戦に於ても我兵力十分ならずして、ために奉天戦となり更に進んで春慶の戦を必要とする等の場合に至らんとせり。若し遼陽戦、沙河戦に於て吾に追撃の余力ありて多大の戦果を収め再び起つ能はざるに至らしめたらんには奉天の戦をなさずして可なりしならん。又日清役に於て黄海海戦の如きも亦松島損傷後は追尾の策に出でずして為めに威海衛の封鎖攻撃を必要とするに至れり。独り日露の日本海海戦は追撃能く其効を奏し露の残艦隊の降服と共に再び海戦を要せざるに至りしなり。故に決戦の戦術と共に追撃戦の攻究を必要とす。

追撃は速力の優大を最大要件とす。而して戦艦は一節(ノット)の速力を増すに約一千噸(トン)の排水量の増加を要し其価格実に九十万円を増加す。於是乎、吾人は追撃戦に於ては一等巡洋艦の必要を感ずる事甚だ切なり。

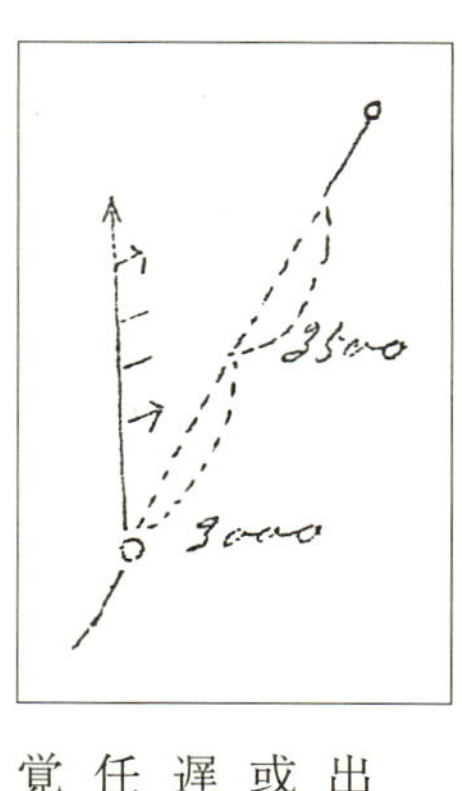

追撃の任務を達するには一等巡洋艦は敵の側方に出づるか或は背後より敵を脅迫して之を擾乱せしめ或は其前路に出で丶其退路を変ぜしめ以て其行動を遅延せしめ我主戦隊の追及に便ならしむ。故に此の任に当る巡洋艦の蒙るべき損害多大なるべきは予め覚悟せざる可からず。殊に日没に近き場合には万難を排し惨害をしのんで敵の退却を沮止するに努めざるべからざるなり。

夜間艦隊にて敵を追撃する事は困難なるのみならず、兎角敵を見失ひ且つ敵に駆逐隊を有するときは魚雷を有するが故に夜間は追撃を駆逐隊に托し艦隊は其隊を糾合整頓し翌日の戦闘を準備するを要す。夜間は我駆逐艦を用ふるのみならず、通報艦を以て追尾せしめ終始触接を保ち敵の所在を確かにせしめ置くときは翌日の艦隊戦闘を利する事大なる可し。

決戦より追撃に移るときは我隊を整頓するに最も好時機なり。蓋し決戦後は我艦隊中或は沈没し、或は落伍し或は又各隊は戦場の各所に散在すべきが故に追撃行動中諸隊を整頓すべきは当然の事なり。之と同時に今日以後の戦を予想するに全兵力参加し其戦場は広大なるべく之を整頓糾合する事容易ならざるが故に大兵軍に在りては追撃用として適当の予備隊を置くを可とす。最も絶対に予備隊として使用するにあらずして追撃に移る前適当の時機より之を使用するを可とす。

追撃法は砲戦距離に入る迄は最も近路を採り可成早く之に追及し以て敵の士気の沮喪に乗じ已に砲戦の距離に入らば其前方に出で丁字戦法を行ふを法とす。然れども事情之を許さゞれば背後或は側方より攻撃し敵の退路を変ぜしめ以て主隊の追及するを得せしむるを要す。

最捷路を採る事は容易なるが如くにして其実容易ならず。是敵が一二点の正面変換或は斉動をなす事あるも之を知る事なり。其間に距離の隔離を来せばなり。故に敵の先頭艦に向つて追行するを最も簡易なる方法なりとす。最も彼我遠きとき或は殊に彼我一線上にあるときは先頭艦を見る事能はざるが故に殿艦に向ふ外なし。而して約一万五千の距離に入らば側方に出づるを要す、是れ敵の殿艦より発射する魚雷は五分四十秒、後三千五百米突の処に来り、吾も亦同時間に三千米突（速力十八ノット）を駛行すべきが故に魚雷の危険なればなり。側方に出でたる後は敵の先方に出づる事を努む可しと雖も此場合敵に勇あれば吾先頭を圧するの運動に出づべし。斯る場合には我は力戦苦闘に陥り敵の先頭に出づるの方針を撤せざるべからずと雖も同時に我主隊に追及の時機を供する所以なるが故に吾れは暫時敵の圧迫に対する苦痛を忍ばざるべからず。然れども退却者は概ね士気沮喪するが故に一途に退却を勉め敵を我先頭に圧迫を加ふるの手段に出でざるべし。果して然らば横陣或は梯陣となり以て敵の殿艦を悩まし以て其退却方面を変ぜしむるを可とす。且つ横陣にあつては我列中に甲種水雷を発射せらるゝも危険を感ずるの度我単縦陣の列中に向てせられたるに比し極めて少なければなり。

兵家或は追撃隊は横陣を以て可とするものあり。然れども砲戦距離に入る迄は寧ろ単縦陣を可なりとす。是れ敵の行動の変化に応ずるに最も容易なる陣形なればなり。敵にして勇あれば追撃者は其先頭を圧迫せらるゝ事あるべきは覚悟す可き事にして之に応ずるの手段は予め考へ置かざるべからず。殊に余り敵に接近せざるを肝要とす。然らざれば圧迫を蒙るとき到底其苦痛に堪へざる事あるべし。例へば黄海の役に於ける第二開戦前の対勢に於て露艦隊若し我先頭を圧せば三笠の蒙むる打撃は甚だ大なりしなるべく、従つて浦港に活路を見出し得たるやも未だ知るべからず。露将の戦術暗かりしか或は之を解するも其勇なかりし乎は実に我軍にとりて至大の僥倖なりと云ふべし。

彼我速力相等しきは追撃戦は数理上起る事なし。然れども古来 frigati を以て殿艦を脳まし敵をして已を得ず退却の方向に或は其意図をすてしめ、ために主隊の追撃を完ふせしめたる戦例あり。彼の Trafargar の戦に於て脱走したる仏の先頭小隊が英将 tration のために全滅せられたるは其適例なり。

追撃戦に於て追撃者は小隊以下に分離別働せしめざるを可とす。是れ協同働作を欠き易きが故なり。例へ分離の必要あるも二隻以下即ち各艦自由の運動を以て追撃をなさしむるは最も不可なり。彼の日清戦争黄海の役に於て旗艦松島の損害後各艦各自の随意運動をとらしめたるは戦術上の大誤謬にして此際各艦の鎮遠定遠に向ふものなく、又実際単独之に向ひ得る艦一も有らざりしなり。之れがため長蛇を逸したるは千古の遺憾にして此の時に当り採るべきの所置は先任艦長をして統率せしめ全隊の力を以て敵に当らしむるの手段ならざるべからざりしなり、且又兎角勝戦は人をして意気大に揚がらしめ突飛なる艦長は功名心に駆られ自艦の力を計らずして単独敵に迫り却て不覚をとる事なしとせず。艦隊の統率を緩むるは最も戒めざるべからず。

第三節　退却戦法

退却者は劣勢劣速なるが故に早晩追及せらるゝを免かれず、已に追及せられたる場合は奮然決戦をなし出来得るだけの損害を敵に与へ以て他日の戦闘に利する所あらんとするの覚悟をなさゞるべからず。

退却戦にありては出来得るだけ敵の追撃を遷延せしむるを要す。殊に日没既に近きときは或は虎口を脱し得る事なしとせず。之をなすには敵の反対方向に一点二点の小角度の正面変換或は斉動をなすにあり。是れかゝる小角度の変針は敵容易に悟る事なければなり。若し又敵吾れに追及するに至らば奮戦敵の先頭に丁字を画き敵之を避くれば直に反対方向に斉動をなして退却し斯くして敵の追及を遅延せしめ以て日の暮るゝを待つを可とす。退却戦には斉動を用ふる事最も利益あり。兵家或は此点よりして横陣を以てする退却法を称揚するものありと雖も敵が砲戦距離に迫る迄は flexible なる単縦陣を用ふるを可とす。已に砲戦距離に迫りたる後は斉動を以て横陣を制るを利とする場合多きは疑なし。

退却戦に於ては決戦の場合或は追撃戦の場合に比し魚雷を利用するの時機多し。是れ敵は概ね我後方にありて我を追ふが故に水雷に向つて来る傾きあると。甲種水雷は各艦一斉発射（時刻を同ふせざるも可なり）を以てする方各艦各個なすよりも命中公算大なるが故なり。而して一斉発射に斉動を行ふ時機を便とするを便となすが故に退却戦には発射の時機は最も多しとす。

然れども艦隊の主兵は砲火にあるが故に之を等閑に附し尚且つ水雷発射をなさんと

するが如きは戦術上の誤謬なり。

夜間は退却戦に於ては一針路を固守する事なく三十分乃至一時間毎に変針し以て追尾駆逐隊に対し其跡を晦ますを要す。故に敵襲を蒙むるも努めて探海灯を用ふる事なく或は之を用ふるも敵艇退却せば猶予なく之を消すを可とす。又時には通報艦を自隊より遠く側方に出でしめ探海灯を点して敵艇を惑はすも亦良法なるべし。

退却戦にありては士気の沮喪は争はれざる事なるが故に軍規の維持最も肝要なり。海軍に於ては陸軍に於けるが如く収容陣地の如き地形の利用皆無なるが故に平素軍規厳粛なるにあらざれば兎角乱雑の状態に陥り易きを常とす。さればよく軍規を維持し各艦の集合整頓に意を用ひざる可からず。乍併(しかしながら)此場合に於ては敵を先任後任を論ずるを須ひず各艦速力に整然たる隊形を造り且つ能く之を維持するを足れりとす。

（備考）雷戦と砲戦との戦法

雷戦を主とするも砲戦を主とするも同行戦にありては等しく丁字戦法を用ふ。只前者は常に敵の先頭にイ字を画き後者は首尾何れに画くも可とするの差あるのみ。

甲種水雷は万一を堵するものなるが故に一隊の一斉射撃を可とする事、既に述ぶるが如し。されば将来之に対する規約を設くる事必要なるべし。味方にして単列ならば各艦個々の発射を妨げず、且又回転のとき縦陣にては正面変換等の場合には個々の発射の外に策なしと雖も若し味方にして複列ならば時に或は所在の如何により友隊に危険を及ぼす事なしとせず。故に複列戦闘には一斉発射法を用ふるを可とす。勿論艦隊の主兵は砲熕にして魚雷は副兵なるが故に決戦には雷戦を変ずる能はずと雖も退却戦には其戦法たる斉動の運動と相待つて魚雷発射を行ひ得るの時機多かるべし。故に決戦には雷戦を生ずる能はずと雖も退却戦には其戦法たる斉動の運動と相待つて魚雷発射を行ひ得るの時機多かるべし。故に雷戦は退却戦に最も多く利用し得る兵器なりとす。

雷戦砲戦共に戦法に等しく丁字戦法によると雖も之を利用するの距離は同じからず。且つ水雷を用ふるとして屢々斉動を用ふるときは砲力を減ずる事を忘るべからず。

第四節　戦闘距離

上来述べ来る所、優勝劣敗の道理に基き決戦の戦法に就きて戦勢を有利に維持するの法をとけり。然れども勝敗の数は戦闘の距離にも関係を有す。尤(もつと)も勝敗の岐(わか)るゝ所は専ら戦勢の有利に存し戦闘距離は武器の進歩に伴ひ一定不変なる能はず。今日の戦艦並(ならび)に一等巡洋艦に装備する所の武器を基礎として之を論ぜん。

	吋	口径	4000	5000	6000	7000
穿徹力	12	45	10.4	9.4	8.4	6.7
	12	40	8.1	7.4	6.7	6.1
	10	45	9.8	8.0	7.2	6.5
	10	40	7.3	6.5	5.2	—

	砲種	口径	1000	2000	3000	4000	5000	6000	7000	8000	9000
命中界	12	45	830	365	227	151	110	82	64	51	41
		40	633	290	174	117	85	64	50	39	32
	10	45	802	388	236	161	120	92	71	56	44
		40									
	8	45	708	339	192	123	83	58	41	30	22
	6	45	752	334	189	103	76	52	37	22	20
		40	512	215	115	70	46	31	22	10	12

本表は標的高七米突に対するものなり

戦闘距離を決すべき要素は次の二点に存す。

1、砲熕及魚雷の効力

2、隊形

1、大砲を基礎としての戦闘距離

現今主砲は四五口径及四〇口径の十二尹、或は同口径十吋砲にして副砲は四五口径及四〇口径の五吋砲なり。而して前者は穿徹力を主とし後者は爆発力に依頼せざるべからず。

今穿徹力及命中界を表示せば、

現今甲鉄は六吋より十二吋にして Case mate は五吋乃至八吋にして主力の穿徹力より見れば戦闘距離は六千米突以内ならざる可からず。

副砲は穿徹力小なるが故に其爆発力を

主眼とせざるを得ず。爆発力を主とするからには敢て距離は関係なきが如しと雖も其命中界小なるに於ては命中弾数少きが故に矢張り吋径砲副砲の効力を一様に発揮し得るの利あり。故に将来に於ては副砲の口径を増加し以て両者の命中界を相接近せしむる事必要なり。故に主砲四十口径を用ふれば副砲は四五口径に主砲四五口径を採用すれば副砲は五十口径を用ふるが如き比例を以て其効力を一にせざる可からず。我国の艦船は斯くの如き比例をなさゞるを以て此点については大なる不便あり。

今主砲副砲の命中界百米突前後の差距離を撰べば敷島型の如き主副両砲共に四〇口径のものありては射距離3000乃至4000となる。然れども香取型の如き（主砲四五口径副砲も四五口径）に在て5000米突を適当とす。勿論命中界100米突を本論の根拠になしたるに就ては深き理由あるにあらずと雖も此れ以下の命中界にては砲の効果著しく減少すべきが故に便宜上百米突につき公論したるに過ぎず。

2、魚雷の効果よりしたる戦闘距離、新式魚雷（方二号式）は3500米突にして有効撃角を有し其速力は20節にして有効撃角は120(?)なり。今艦の速力を20節とすればT'にて発射せる水雷は5m40S、後S'にて命中す可し。是れ有効発射の最上限なり。而して最も確実なるものはTにて発射せる水雷にしてS'に於て直角に命中す。次図の如く魚雷が艦に衝撃する点S''前方2^{P}、4^{P}正横の后方4^{P}に当るT^{2}、T^{4}、T^{8}、T^{4}、の四発

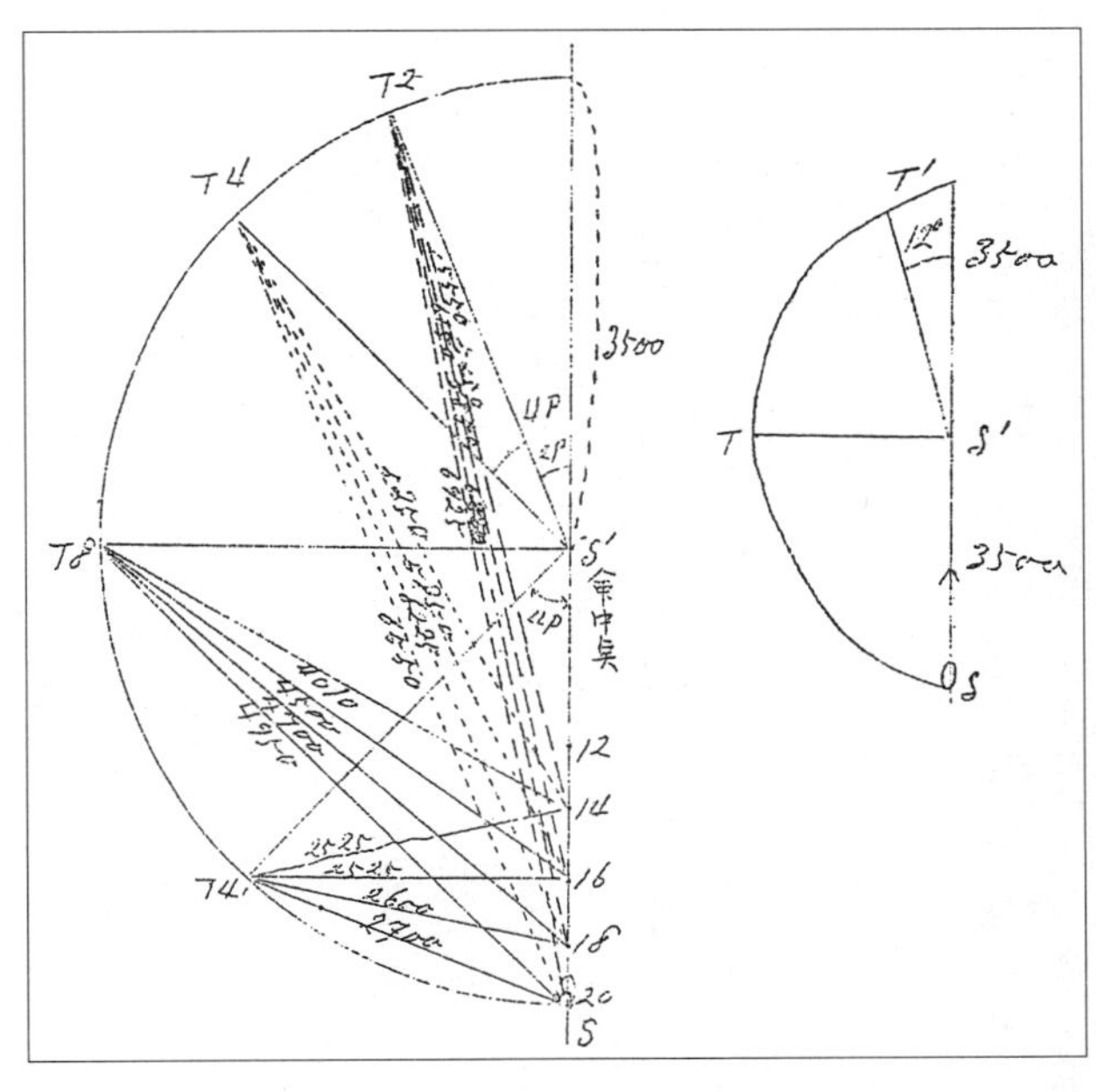

射点より照準点（十四節より廿節の速力に対するもの）に至る距離を算出するとき図記するが如し。

　即ち最も奏効確実なる直角衝撃点に相当する発射点T^{8}よりの距離4000―5000にして速力14―20節は現今戦場に実際使用せらる可き速力に相当す。

　故に水雷の効果より見るも戦闘距離を5000米突に定むるを最も効果上確実なりとす。

　故に兵器の上より見たる戦闘距離は大砲水雷相一致

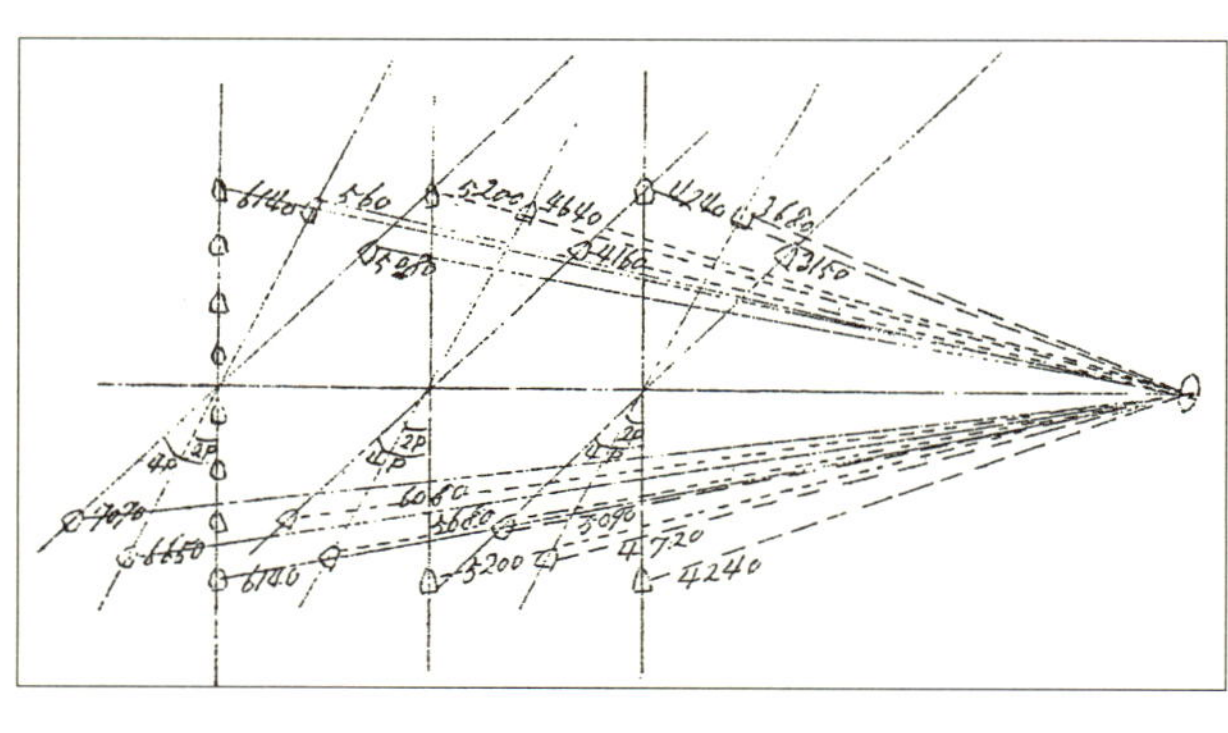

し五千米突を適当となすを得べし。されば吾人は此距離に内外一千米突の余裕を置き四千乃至六千米突を以て現今使用の武器の効力より観察したる適当なる戦闘距離なりと断定せんと欲す。

３、隊形上より見たる戦闘距離

今日に於ける戦闘隊形として撰ぶ所は単縦陣なり。而して八隻編制は現今各国の採るところなれば八隻編制に於ける戦闘基本隊形たる単縦陣の場合に付て考究せんとす。蓋し八隻の何れをも均一に且つ最大に其砲力を発揮せしめん事は戦闘上主眼の要求にして之を図上より考ふれば次の如し。

図は敵の針路に平行、二点四点の傾角を左場合の集弾射撃に於ける射距離を示すものにして我隊の中央より敵艦迄の距離6000を撰ぶときは最遠艦は7070にして各艦其砲力を均一に且つ最大に発揮する事能はず（穿徹力表及命中界表により其理由明なり)。5000 を撰ぶときは最近 4160 米突最遠 6080 にして先づ以て砲火の力を最大且均一に発揮し得るを見るべし。

されば兵器より見るも隊形上より観察するも五千の距離は戦闘距離として最も適当なるを知る可し。故に内外に一千の余裕を存し五千乃至六千の距離を以て吾人は近き将来に於ける最も適当なる戦闘距離となすに躊躇せざるなり。

第五節　大艦隊の戦法

大艦隊は即ち複列艦隊に外ならざるが故に複列艦隊の戦法を適用すれば足るが故に別に云ふべきものなしと雖も戦闘を開始する迄の準備即ち対勢を制る事に就て数項を添へんとす。蓋し何時にても敵に応じ得るの準備ありて初めて狼狽せざるを得ればなり。

1、非戦列部隊を避けしむる事。

戦場に於て戦闘に与かる能はざる艦種を伍するは主将をして之が為めに頭脳を脳まさしむる事幾何なるか知るべからず。彼の日清戦争黄海々戦に於て西京丸、比叡、赤城の戦場に馳駆したるため当時我長官の苦心は甚だしかりしなるべく、此等数艦が苦戦を経て一時光彩を放ちたりと雖も戦術上の見地よりすれば光彩にあらずして失態とせざるべからず。又日露の役日本海々戦に於ける露将の所置も亦然り。上海沖に於て運送船の数隻は之を放置したりと雖も尚ほ戦場に非戦列部隊を伴ひ之が為め手纏足纏の苦境に陥りしにあらずや。

之に反して我軍は此海戦に於て第三艦隊を戦場に馳駆せしむる事なく単に戦場掃除の任に当りたるがため主将の苦心を軽減せしや疑ふべからず。此等の諸艦にある将士が勇気満々たるに係らず戦場の花たらしめざりしは誠に察するに余りありと雖も若し此等諸艦の艦長にして鋭気禁ずる能はずして戦場に突進し依て以て主将の苦心を増さしむる事あらば是れ即ち戦術上の見識なき艦長にして深く戒めざるべからず。但し此役に於て仮装巡洋艦を哨戒の任に当りたる事一見此理に悖るが如きも決して然らず。是畢竟我艦隊の耳目たる巡洋艦の欠乏を補ふに於て已むを得ざる所にして此等の艦種の存亡は予め眼中に置かざりしが故に之が為め我主将の苦痛を増加する謂れなかりしなり。

2、序列と陣形とを立て直す事。

敵と逢遭すべき虞ある海上に近くに於ては前衛、側衛、後衛等の備を設、警戒の方法をとらざるべからず。日本海海戦に露将此等の警戒に欠きたるは吾人の採て以て戒めとなさゞるを得ざる所なり。又何時にても敵の動作に応じ得べき所謂中正の陣列を制らざる可からず。此の陣列は即ち縦陣列にして若し其縦長にして長を失し首尾呼応に困難ならんには宜しく鱗次縦陣を制るべく、且つ呼応の容易なるが為めには快速艦隊を後方に配列せざるべからず。

3、適当の時機に達せば前衛後衛等の警戒諸部隊を集合して戦闘の実施に適当なる位置に配列せしむる事。

4、已に敵と接触し干戈相見んとするに当りては主将は全軍の士気を鼓舞するの手段を採るを以て乗員をして決死の念を奮起せしむるを要す。

兵員には戦略上の目的を予め知らしむるを要せず、仮令我軍は戦略上の目的よりして避戦をなすを要する場合に於ても兵員は勿論下級将校には之を告知する事なく、彼等の如何なる場合に於ても敵と相遇はゞ幸に決死の覚悟を以て戦争に従事せん事を要す。例へば日本海海戦の場合に於て露軍の目的は戦略上可成多数の艦をして血路を開きて浦塩に達せしむるにありとするも、之を部下一般に知らしむるの必要なきのみならず若し之を知るときは大に兵員の士気を弛敗し所謂逃げ腰とならしめ却て全力を発揮する事を得ざるに至るべし。日清の役山路将軍が旅順の攻撃に於て（進め死せよ）の外に云ふ所なかりし事吾人の常に服膺すべき教訓なるべし。

大艦隊の戦法に就ては複列艦隊の戦法を適用すべく且つ敵軍の状態に応じ我軍も亦適当に戦闘序列を制るべしと雖も一般に準拠し得べき方法を撰べば吾人の適当と信ずる所概ね次の如し。

1、戦略単位

二等巡洋艦を四隻宛に分ち本隊の前後に配置したるは本隊の弱点たる両端を援護し且つ追撃戦の場合に之を利用せんが為なり。

2、聯合艦隊

3、聯合大艦隊

聯合大艦隊は各別に戦闘せしめんと欲す。是れ建制を破る事なく平素の訓練も此建制に依り実施せんが故に意志の疎通容易なればなり。
此点に於て秋山教官の説は大に異れり。其配列次の如し。

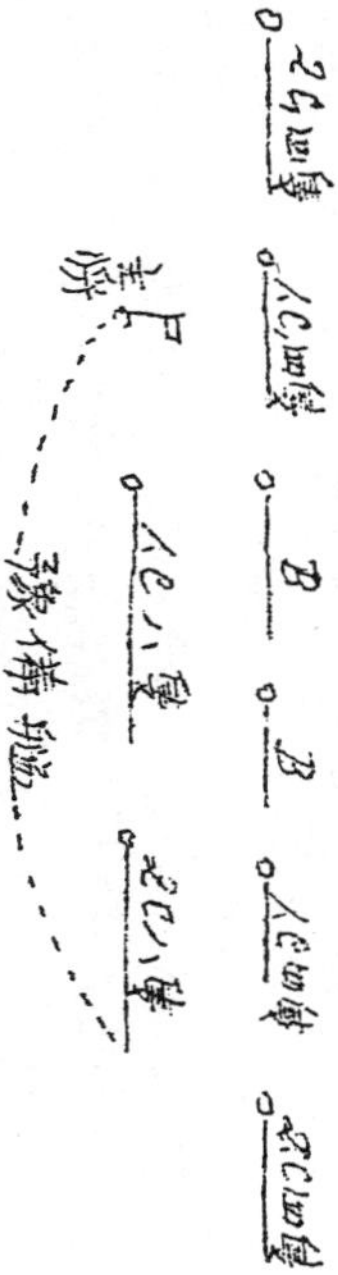

是れ戦略単位として採るところ各相異るに依るべし。
此序列に於て主戦隊は戦艦隊の二隊なり。而して戦艦の速力は現時各国海軍に於けるもの速力略ぼ相等し。故に戦艦隊の二隊をして協同動作を採らしむるに困難ならずとせず。蓋し協同動作をなさしめんには優速なる装甲巡洋艦を用ふる事最も便なるべければなり。

第六節　水雷戦隊の戦法

艦隊の主兵は砲熕にして駆逐隊の主兵は魚雷なり。艦隊に於ける砲熕の戦法も魚雷の戦法も已に述ぶるが如く敵の先頭に在るの得策とするの理は亦駆逐隊の魚雷戦法にも適用すべき者なり。今戦法を論ずるに先ち魚雷を有効に使用する事に就き一言すべし。

1、発射艇が敵の正横前にあるときと後方に在るときと何れが発射の機会多きや。

水雷の速力卅二節有効撃〔角〕$12\frac{1}{2}$°（呉二号式）有距離千米突敵艦速力十八として試みに之を図示せばＡＢＣの圏上に発射艇位置せるときは撃角12.5°以上を以て有効にＴに於て敵艦に命中す。故に発射艇は敵艦Ｔの正横前に位置する間はＡＴＢの角度を有する圏上の何れよりも有効に発射し得べく、正横後にあるときは此角度はBTCに減ず。而して魚雷の速力少なるに従ひBTCは愈（いよいよ）小となる故に発射艇は常に敵艦を正横前にあるを要す。

又撃角を有効ならしめんが為め最小有効撃角12.5°以上たらしむればBTCは益々小なり。敵の正横後より発射するの愈々不利なるを知る、今之を表示すれば、〔左図の如し。〕

是故に襲撃者は敵の前方より襲撃せざる可からず。況んや後方よりするときは有効発射位置Ｃに達するとき敵を距る事僅かに420米突にして（極端なる一例）此距離に達する迄に受くる所の損害は必ず大なる可きに於てをや。

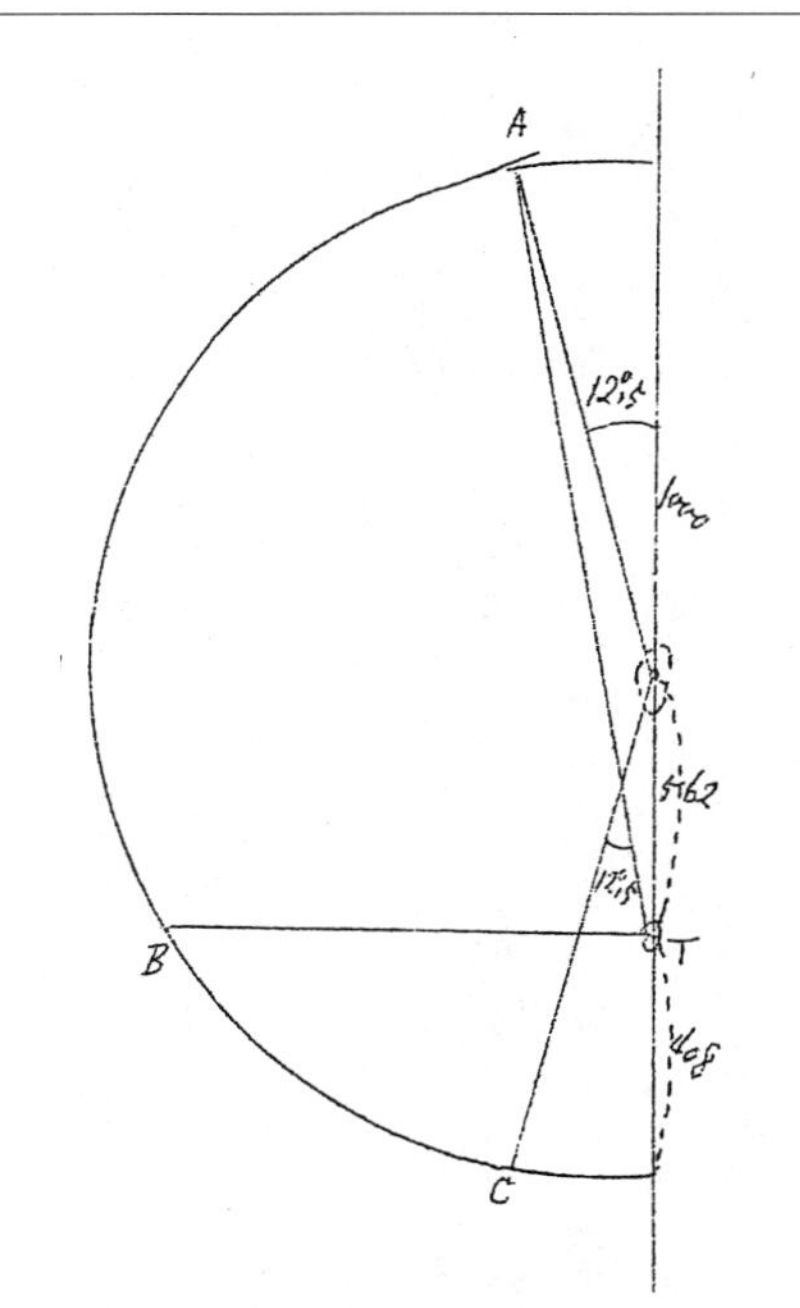

撃角	甲　種		乙　種	
	<ATB	<BTC	<ATB	<BTC
12½	82	62.5	83	19
20	77	47.5	79.5	11.5
25	74	39	76	0
30	71.5	31	70	0
45	61	9	51	0
56	56	0		

敵艦速力　18節
甲種
雷速　20節
range　3500米
乙種
雷速　32節
range　1000米

次に如何なる位置より発射するを最も命中の公算多きかを考ふるに前記の乙種水雷の例に依れば正横の位置即B点にあるを最良とす。此場合に於ては敵の速力の誤測二節あるも、針路の誤測内方は二点、外方は約一点半迄有効なり（図を画けば明瞭なり）。最も此例は敵艦を十八節と仮定したるものなれば他の速力にては必しもB点が最良の位置にあらざるべけれども各速力に対する図を画けば最良位置は敵の正横附近より発射するの最も命中を算大するを知るべし。

2、駆逐艦水雷艇は甲種を用ふべきや、乙種を用ふべきや。

日露戦役の実験上甲種を用ふべしとなすもの今日決してあらざる可し。然れども白昼は甲種、夜間は乙種を用ふるの説なきにあらず。吾人の見る所によれば乙種に限らざるべからず。蓋し甲種は其速力遅くして潮流海草の如き外部の障害を感じ偏斜を生ずる事大なると敵の速力誤差或は針路変換は忽ち命中に関するも乙種は之に反し比較的最も確実なり。最も乙種は敵に接近せざるべからざるが故に乙種を用ふるに就て唯一の問題は襲撃者の決心如何にあり。蓋し敵の反航襲撃するときは彼我の関係速力大なると船体の小なるとに依り受くる所の損害は多大なるものにあらざる事実験に示すところにして、且つ有する水雷の数に限りあるが故に勇敢決死の士の必ずや不確実なる甲種を避け乙種を用ひし事を期するなるべし。況んや白昼と雖も酣戦期には尚ほ襲

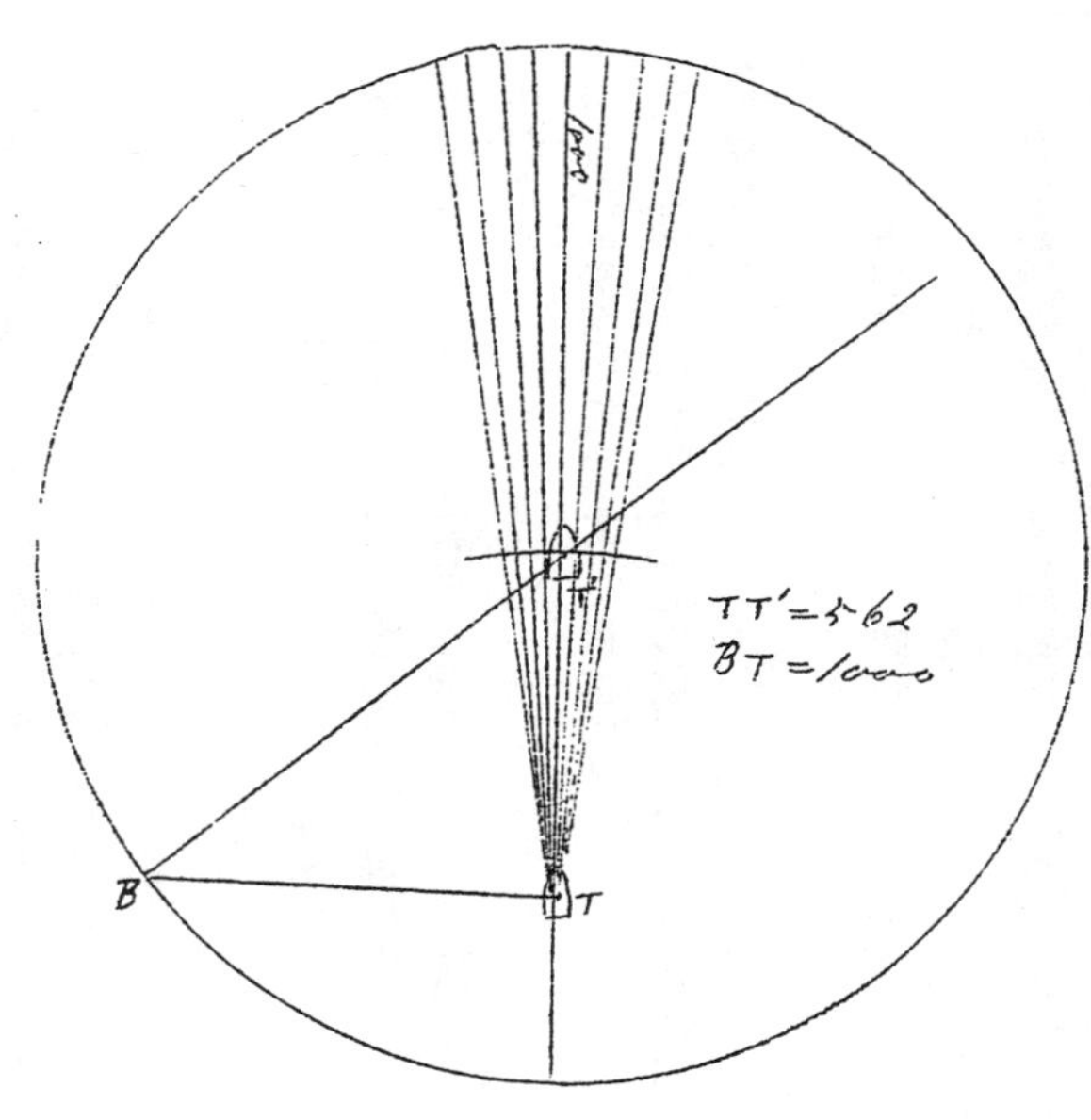

撃の好機を捕捉し得べきに於ておや。要するに白昼は視界大にして敵艦の砲火猛烈に且つ敵駆逐艦の妨害をも受くべくして其襲撃は困難なるや疑ひなしと雖も然かも襲撃の好機なきにあらざる以上は最も奏効確実なる乙種を以て襲撃を決行せざるべからず。而して夜間の襲撃に於て乙種を用ふるは当然の事のみ。

3、襲撃の時機。

夜間漫然敵を索捜せるは殆んど難事にして夕刻より敵に追尾し其踪跡を失はざるを襲撃の第一要義とす。而して襲撃を決行するは日のまさに暮れて未だ久しからざる後を最も好時機とす。月夜に於ては殊に然り。又哨兵の交代時に乗ずるも一良法なるべし。

然れども襲撃者は敵に接近或は出会せば是れ即ち天与の機会にして前記の如き天時の利に迷ふ事なく決然の襲撃を行ひ天与の機会を逸すべからず。

4、艦隊は駆逐隊に如何なる位置に伴ふべきか。

敵の先頭に出で得るに最も容易なる位置に置くを要す。故に若し二隊あるときは其一は我前方に他は後方に配するを可とす。是れ即ち中正の位置にして順列逆列に係らず我が先方に位置する隊は敵の先方に進出襲撃するの機会を捉へ得べく、我後方に列するものは後衛の任を果たし得べし。

然れども砲撃中艦隊は上記の位置に於て近距離に常に把握する事なく適当の時機に之を放たざるべからず。

是より戦法に入らんとす。而して其戦法を分つて次の三種とす。

1、駆逐隊対　艦隊戦法
2、駆逐隊対　駆逐隊戦法
3、艦隊対　駆逐隊戦法

本題に入るに先ち襲撃法の要旨を述ぶべし。

襲撃法の要旨

1、敵の針路速力を知る事
2、敵の先方より襲撃する如く其位置に就く事
3、敵の距離を知る事
4、発射終れば敵の砲火を避くる事

針路の誤測は最も命中の如何を左右す。之に次では速力の誤測なる事言を俟たず。而して敵の針路を知るは敵の後方或は先方にあるを可とす。敵の方にありて之を測知するは正確なる方法にあらず。されば針路及速力を知るに最も簡単にして確実なる方法は後方より之れに随行して先づ其針路を知り次に側方に出で平行して進み以て速力を測定するにあり。側方に並んで以て速力を測知するときは概ね正鵠を得、たとひ誤測すとするも一節以上に及ぶ事稀なりとは実験家唱ふるところなり。已に針路及速力を知らば敵の前方に出で以て襲撃するに容易なる位置を採るを要す。而して敵の先方適当なる位置に就けば敵と反対航路をとり襲撃に向ふべし。斯くして敵近(ちかづ)くや最も緊要なる一事は敵の距離を測知するにあり。然れども此事頗る難事にして白昼たとひ距離測定器を用ふるも彼我の関係速力大なるが故に時々刻々敵影移動するが故に此の

器に熟練せる人も容易に其目的を達する事かたかるべし。況んや暗夜に於ておや。是に於てか襲撃艇にありては平素目測に慣練するの外途なきなり。而して砲火の下に目測を以て判定せんとす。人情概ね平然たる能はざるが故に兎角距離よりも近しと考ふるを常とす。されば思ひきつて敵に接近せん事を力むる方規定の距離に入らん事を力むるに比し奏効確実なるべし。

既に襲撃終らば敵の砲火を避くるに最も良好の方向に退却するを要す。此事につきては後節更に詳論すべし。

1、駆逐隊対艦隊戦法

艦隊の基本隊形は単縦陣を以てする事世既に定論あり。之れに対する襲撃戦法は敵の先方より平行に反航し出来得る限り近距離に肉薄して、攻撃するにあり。

蓋し主尾砲火は最も薄弱にして前方より襲撃するときは舷側砲火の猛射を受けざるの利あるのみならず、彼我関係速力甚だ大なるが故に敵は照準困難にして我は損害を受くる事少なく之を後方或は側方より敵に近づき同行発射をなすに比すれば最良の方法なりとなさゞるべからず。凡そ決死の士と雖も長く砲火の下にあるときは多少恐慌の念を生ずることなしとせず反航発射の利は亦茲にあり。最も反航のときは同行のと

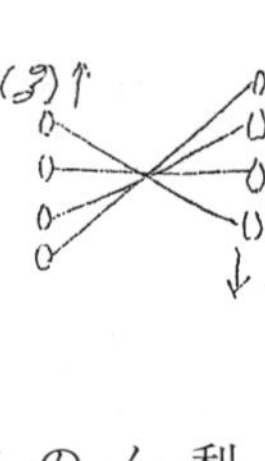
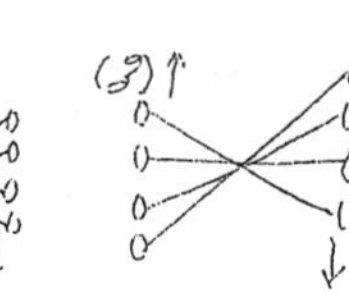
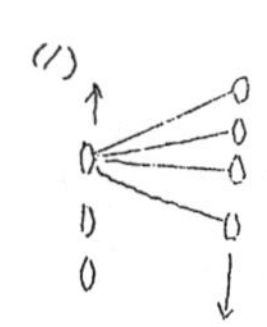

きに比し発射の時機は一瞬時に経過するが故に一たび此時機を逸するときは再び之を捉ふるに容易ならざるの不利ありと雖も同行発射は其損害多大にして時に或は未だ一発射の好位置に達せざるに先ち撃破せらるゝ事なしとせず。而して平生反航発射の練習を行ひ発射時機を逸せざる様訓練すれば反航発射に於ける此の一不利点を除く事必ずしも不可能にあらず。既に発射位置に入るに及んで二隻宛の対艇に分つべきか、或は一隊のまゝ襲撃すべきか時の状況に依り予め定むる事能はざるべしと雖も理論としては二隊に分れ敵の両側より襲撃するを可とせん。蓋し此れ正奇の戦法を準備せるものにして敵をして避雷運動をなすの余地なからしむればなり。

襲撃目標の撰定については諸説紛々其何れか是なるや未だ遽(にはか)かに判定し難し。其所説の重なるものを挙ぐれば、

(一)最初に発見したる敵艦を目標とする事、即ち敵の先頭艦を襲撃する事。

(二)各小隊毎に目標を異にし先頭小隊は最初に発見したる敵に、

後尾小隊は二番艦を目標とする事。

(三)各艇各個に敵の先頭より順次に目標を撰ぶ事。

(四)各艇各個に目標を撰び一番艇は四番艦に、二番艦は三番艦に、三番艦は二番艦に、四番艦は一番艦に襲撃する事。

是なり。

吾人の信ずる所によれば各艇皆最初発見したる一艦のみを目標とし駆逐隊の一隊で敵一隻を撃沈するの覚悟に出づるを成効上確実なりとす。

如上の諸説皆相当の理由ありと雖も斯る巧妙なる方法が実際砲弾雨飛の下に行ひ得べきや、蓋し此事一考し置かざるべからず。吾人は寧ろ拙速を貴び、敵を見付次第其を目的として各艇皆之に当るを最も簡便なるべしと信ず。敵或は我嚮導艇の襲撃に驚き直ちに変針するあるも我れ若し充分近距離にあるときは殿艇の水雷も尚ほ有効撃角を以て敵に命中するならん。

襲撃者は次の発射の順備を可成速かに整ふるを要す。之が為め発射し終れば直ちに敵弾を脱するの方法に出で且つ速かに諸艇の集合をとくべきなり。而して集合点は敵の後方に於てするを最も容易なりとす。

敵弾を避くるには方位距離の変化最も大なる方向に退路を撰ぶを可とす。何となれば敵の照準発射困難なればなり。即ち敵の正横後四十五度の方向に退却するを最も有利とす。最も夜間にありては一時直角に側方に走る事其目標を小にし敵弾を避くるに利ありと雖も白昼襲撃の場合は距離の変化は少なからざるも方位の変化少なきが故に敵の照準は比較的容易ならしむるの不利あり。而して斜後退却法は距離方位の変化前者に比し更に大なるのみならず、多少敵の砲火を我に引受くるの程度丈にして自然牽制となり。依りて以て後続艦の襲撃を容易ならしめ得るの利あり。

然れども敵と反航して平行針路に駛るは最も不利なる事図に依りて明かなり。

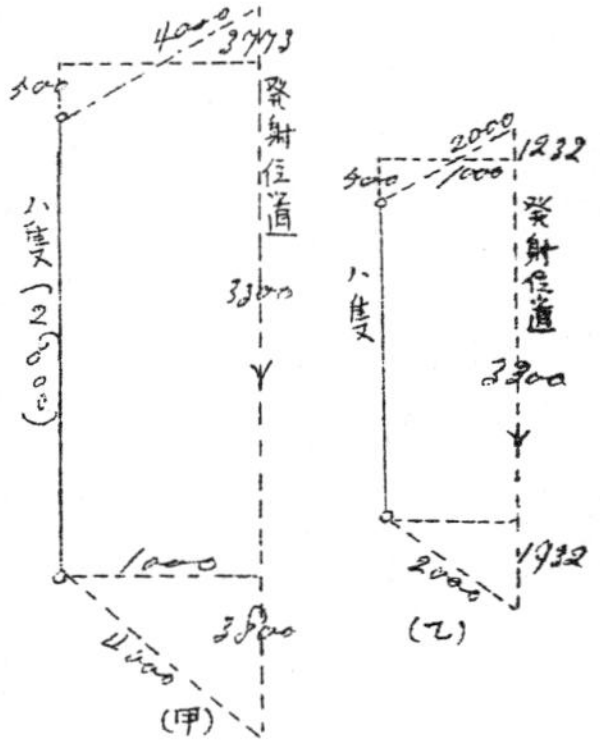

（図解）甲は昼間乙は夜間、駆逐艦は25節艦隊は十六節、昼は四千米突より夜は弐千米突より発見、砲撃せらるものとす。

砲撃時間

（昼間）

8隻…8分―20S

6隻…7.5―22S

4隻…7―4

（夜間）

8隻…4―19

6隻…3―41

退却後は速かに集合を遂げ且つ探海灯を敵方に向けて照らし以て他の僚隊に敵の方向を知らしむるを要す。

駆逐聯隊の戦法

其戦法又駆逐隊戦法に同じ。即ち一隊宛敵に対すれば可なり。勿論両隊は正奇の隊形を以て敵の両側に分るゝを要すと雖も敵に接近する迄は単縦陣をなすを可とす。

水雷戦隊戦法

四隊同時に同一の目標に向つては却て困難なるべきが故に各聯隊毎に分れ時機を異にして襲撃するを可とす。而して一の聯隊襲撃決行の間は他の聯隊は敵の複尾にありて随行するを要す。

然れども昼間にありては聯隊相分れて敵の両側より同時に襲撃するを可とす。蓋しかゝる場合に於ては恰も人の蜂に襲はるが如く百方防禦するも遂に螫刺を免かれざると等しく敵は応接に暇あらざるべし。勿論白昼の襲撃は酣戦期以後に於て母隊の交戦中其掩護の下に行ふべきものとす。

水雷戦隊の旗艦たる通報艦は時機あれば亦自ら襲撃を決行すべしと雖も然らざれば

襲撃諸艦艇を速に集合せしむるの手段を取るを要す。

特雷を以てする戦法

特雷は近時の考案に係り未だ之が使用法に就ては十分の実験を有せずと雖も従来多少の経験と理論上とより論ずれば大要下の如き方法に過ぎざる可し。

而して今日駆逐艦に特雷のみを積載せば六群連即ち廿四個迄を用意し得べし。

特雷も亦魚雷と同じく敵の前方より之を散布すべきが故に魚雷と併用する事を得べし。

今駆逐隊が特雷を同時に布設するものとせば次の三例を生ず。何れの場合に於ても各艦は二点の斉動をなすを要す。而して第一例は特雷布設を専業とせる場合、第二、第三例は魚雷併用の場合にして第三例は二個駆逐隊の作業を示せり。此場合に於ては第二駆逐隊は危険を避くる為め魚雷併用の時機なかる可し。

第四例は一駆逐隊が専用特雷艇を伴ひ駆逐隊は牽制動作をとるものとす。勿論是は白昼の場合なり。

此場合に専用艇が敵の先方幾何の距離に近くべきやは成効上に関し至大の問題にして未だ即断する事能はずと雖も三千米突内外には接近する事を得べく又せざるべから

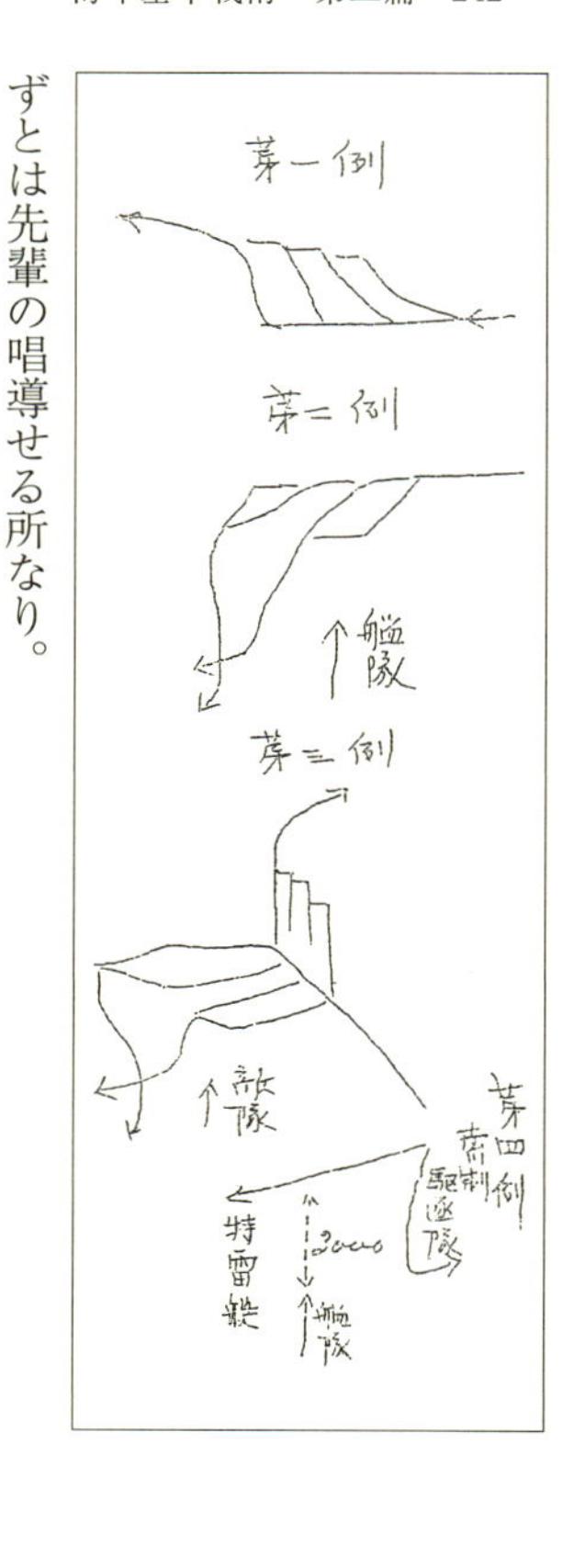

ずとは先輩の唱導せる所なり。

之を要するに昼夜を論ぜず特雷を有効に使用せんと欲せば魚雷と同じく敵に肉薄する事最も必要なり。

2、駆逐隊対駆逐隊戦法

之を敷衍すれば、

(1)駆逐隊対駆逐隊

(2)駆逐隊対水雷艇隊

(3)水雷艇隊対駆逐隊

の三戦法に区別し得べし。而して(1)は均勢等速巡洋艦隊の戦法に等しく(2)は優勢優速巡洋艦隊対劣勢劣速巡洋艦隊(3)は(2)に反対なれば、戦法としては別論するの要を見ず、恰も一種の小型巡洋艦が小口径砲の砲戦を交ふるに等しかる可し。但し砲戦の外に浅水水雷を併用するの時機あるを忘るべからず。

3、艦隊対駆逐隊戦法

艦隊は駆逐隊に対して攻撃の姿勢にあるよりも寧ろ防禦の姿勢に在るを常とす。是れ後者は優速にして挑戦避戦共に其掌中にあればなり。最も通報艦或は快速巡洋艦にありては駆逐隊に対し攻勢を取り之を撃退或は撃沈し得べきなり。

駆逐隊に対する艦隊の防禦は一に砲戦を以て其発射するに先ち之を撃沈するにありと雖も戦法として守るべきところは敵の駆逐隊を我が正横より前方に見ざると之を我に接近せしめざるにあり。換言すれば敵が我が正横戦の前方に至らば変針して常にbaem 後に見ると同時に自ら求めて敵に接近せざるにあり。殊に特雷を有する駆逐隊を自ら求めて追撃するが如きは極めて危険なりとす。蓋し我正横前に来る駆逐隊は即ち決死の覚悟をなせるものにして恰も死物狂の野猪に対するが如し。仮令之を射とむる事を得るも時に或は我亦手負の難を免れざる可し。而して之を避くるに当りては正面変換を用ふれば先登艦は其難を避け得べきも後続艦は危険を免かれざるが故に斉動を用ふるを最良の方法とす。

而して変針の程度如何を問はず敵と同行するを最良とす。然れども此事常に行ひ得べきものにあらざるが故に実行上は敵の反対方向に直角なる線を界として其外方（敵に対し）に斉動をなすべきなり。

勿論敵が有効発射位置に入る迄は砲力を以て之を撃退若くは撃沈するを努む可しと雖も昼間尚ほ敵四五千米突の距離に迫る時は其有効発射位置に達するには三四分を出でず（双方 end on にて反航するとき我艦隊十八節敵艇廿五節とせば四千米突なり）。故に疾に変針の用意あるを最も肝要とす。而して既に発射位置に入れば出来得る限り発射方向に変針すべきなり。此場合に於て水雷進行方向は同方向にするか或は反行するかは大に其利害を異にす。反航するも撃角不良にして水雷は効力を奏せざるべきも敵艇と我れとの距離の変化甚だしく砲の照準困難なる可きが故に敵艇を撃沈するの見込少なし。然れども同行で避進するときは水雷は我を追進するのみならず敵と我との距離変化少なく砲力利用上大なる利あるべし。

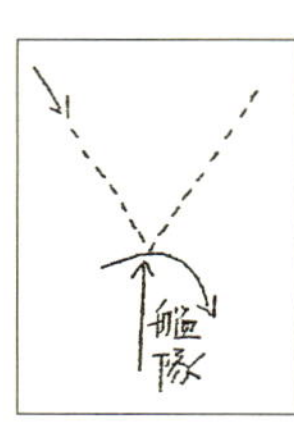

但し夜間に於ては艦隊の斉動は不可能なるべきが故に此の避敵変針法は方向変換の外他に策なかるべし。

夜間は防禦上大砲の外に探海灯を利用するべきなり。而して大砲に関する防禦術は事砲戦術の範囲に属するが故に之を措き、少しく探海灯の事に論及すべし。

水雷防禦上、探海灯の利用は露国側の我に優る事大なるを認めざるを得ず。我国に於ては敵未だ見えざるに之を照して光線を旋回し索敵するのみならず敵一たび探照せられて其目的を達せず、退却するに至るも尚ほ依然として之を減ぜず。ために他艇の利用する所となる事演習に於て屢々見る所なり。然れども露人は敵の接近を知るに及んで初めて之を照らし敵既に退去して其姿を失ふや突然之を滅して其踪跡を暗ますを常とす。碇泊中と雖も陸上に利用すべき探海灯あれば艦上のものは之を用ひざるを可とするのみならず出来得る限りは陸上のものも用ふる事なくして寧ろ敵をして我所在を感知せしめざるを得策とす。事少しく此場合とは異なるも彼の黄金山電灯ありしが為め我が閉塞隊は其港口を確かむるに至大の便を得るものにして無用の時機に於ける点灯の害ありて寧ろ益なきを見るべきなり。

艦隊が駆逐隊に対するは防禦の姿勢なる事已に述ぶるが如しと雖も、其攻撃に転ずべきものは母隊掩護にある通報艦若くは巡洋艦とす、之れ任務上然るのみならず、天候不良なるか敵の石炭乏しか或は其速力減退せる場合には是非共其覚悟を以て窮鼠猫を嚙むの態度に出づべきが故に其水雷或は特雷に対し之を避くるの用意あるを要す。

従て行動を容易ならしめんが為其隻数の大ならざるを可とす、たとひ多くも四隻以上は用ゐざるを利とす。

大正４年海軍少将当時の秋山真之。

明治23年、海軍兵学校17期卒業写真。前より４列目、左から３人目が秋山。

秋山が少尉候補生として初めて乗り組んだ、軍艦比叡。

明治37年12月、作戦打ち合わせのために旅順に向かった東郷長官と乃木将軍。
前列中央が東郷長官、右が乃木将軍、その上中央に参謀の秋山。

日本海海戦を目前にして訓練中の戦艦三笠。

明治38年日本海海戦の勝利直後の第一、第二艦隊幕僚。右から第一艦隊参謀秋山真之、第一艦隊参謀長加藤友三郎、第二艦隊長官上村彦之丞、連合艦隊司令長官東郷平八郎、第四戦隊司令官瓜生外吉、舟越楫四郎中佐。

秋山が最後に艦長となった軍艦伊吹。

東京築地にあった海軍大学校校舎。秋山はここで戦術教官として海戦術研究に打ち込んだ。

日本海海戦は後に海軍の依頼で画家東城鉦太郎が油絵にしたが、その際、東城はそれぞれ当人にポーズを取ってもらい写真を写して、製作の参考にした。これは日本海海戦三笠艦橋の図の中に描かれるために、モデルとしてポーズをとっている秋山の姿である。

解説

戸高一成
（呉市海事歴史科学館館長）

一、今回翻刻された秋山真之の講義録について

多くの人物をして、秋山真之を海軍戦術の神とまで言わしめたのは、言うまでも無く日本海海戦における完全勝利の背景に秋山の作戦があったためであるが、では秋山の戦術とはどのようなものであるのか。一旦このように考えるとき即答できる人は少ないのではないだろうか。秋山には有名な「海軍基本戦術」「海軍応用戦術」「海軍戦務」があるが、これを閲覧できる施設といえば、防衛研究所図書館などごく限られた施設に過ぎない。このような現状から、今回の秋山真之戦術論集の果たす役割は大きいといわねばならない。しかし、その編纂作業に当たっては、意外な困難があった。それは、秋山の講義録が、単一のテキストでは無く、現存するテキストを読み合わせるうちに、「海軍基本戦術」に関しては複数のテキストが存在することが明らかにな

ったためである。今回この戦術論集に採録するテキストをどの版にするべきかを考えたとき、秋山の戦術論の展開を考える上では、秋山の結論に近い最終改訂版を採用するべきであると考えるが、日本海軍に与えた影響、また多くの海軍軍人が秋山戦術と言ったときにイメージしたであろうテキストは日露戦争当時の版ということになる。検討の結果、「海軍基本戦術」第一編に関しては、当初の形と思われる明治四〇年五月印刷の活字版を採用、第二編は手書き謄写印刷版を、「海軍応用戦術」に関しては明治四〇年二月印刷の手書き謄写版を採用した。「海軍戦務」とこの付録に当たる「海軍戦務別科」に関しては、それぞれ明治四一年二月印刷、明治四二年五月印刷の活字版を使用した。

秋山が海軍大学校の戦術教官を命ぜられたのは明治三五年七月一七日であるが、講義の準備に時間を要し、現在残されている講義録の形では、翌明治三六年四月から第四期甲種学生に対して海軍基本戦術と海軍応用戦術の講義を始めたものと思われる。ただし、後出の大正元年の改版の附言によれば、「小官が本書を講述したる明治三五、六年の頃は」と明治三五年の講義に言及しているので、異なった形での講義録があった可能性もある。この期の卒業生は下村延太郎（海軍兵学校一八期、以下同じ）、吉田清風（兵一八期）、飯田久恒（兵一九期）、斉藤七五郎（兵二〇期）の四名であった。因みに飯田は日本海海戦当時連合艦隊参謀で、「皇国の興廃此一戦にあり……」という連合艦隊出撃の文案を書いた人物であり、この原稿に秋山が有名な「本日天気晴朗なれども波高し」を書き加えたのである。

当初秋山は自身の講義ノートのみで講義を行い、学生はそれぞれ自分のノートに講義を書き写していた。しかし、教室には速記者がいて、後に秋山の講義を清書し、秋山自身が校正を行った後に、謄写版、石版、或いは活版で印刷発行された。これらはごく少数の甲種学生以外にはあまり配布されなかったが、海軍内部の要望も多かったようで、たびたび増刷されていた。この第四期甲種学生に対する講義は「海軍基本戦術」の第一編と、「海軍応用戦術」「海軍戦務」を以って開始されたが、秋山戦術の中心である戦法を講ずる「海軍基本戦術」第二編は、秋山の構想が固まらなかったものか、その講義開始は日露戦争後の明治三九年二月になっている。つまり、日露戦争に

参加した第四期甲種学生は、秋山から、いわゆる丁字乙字戦法を含む戦法に関しては、正式な講義としては受けていないのである。従って、秋山から最も充実した教育を受けた学生は、日露戦争直後の海軍大学校第五期甲種学生ということになる。卒業生は、中川繁丑（兵一九期）、巌崎茂四郎（兵二一期）、野崎小十郎（兵二一期）、藤原英三郎（兵二一期）、桜井真清（兵二二期）、内田虎三郎（兵二二期）、丸山寿美太郎（兵二三期）、松村菊勇（兵二三期）、大角岑生（兵二四期）、飯田延太郎（兵二四期）、山本英輔（兵二四期）、牟田亀太郎（兵二五期）、三宅大太郎（兵二五期）、山梨勝之進（兵二五期）、清河純一（兵二六期）、日高謹爾（兵二六期）であった。いずれも中堅将校として日露戦争に参加して実戦を経てきた人物であり、日露戦争中秋山戦術を体験してきた世代である。彼らこそ秋山戦術の真の後継者であるはずであったが、いずれもあまり恵まれた経歴は無く、大角のみが海軍大臣になったが、飛行機事故で殉職するという悲運に遭遇している。他は、山梨が海軍次官を務めたが、早く海軍を去った。結局日中戦争から太平洋戦争にかけて、これら秋山戦術の後継者が、その能力を発揮する機会は無かったのである。惜しまれることであった。

まず、今回収録した秋山の講義録の底本を示しておきたい。なお、今回文庫化するに際して二巻となったので、「海軍基本戦術」と「海軍応用戦術」「海軍戦務」に分冊した。各巻にそれぞれに収録された講義録について解説を行った。

海軍基本戦術　第一編

現在残されている最も古い版で、活版印刷、天地二二・五センチ、緒言九ページ、目次二ページ、本文一一〇ページである。糸で綴じられ、薄い赤色の表紙が糊付けされている。表紙には、「明治四十年五月印刷　秋山海軍中佐講述　海軍基本戦術第一編　海軍大学校」とあり、左肩に「部外秘密」の注記が有る。表紙裏には「海軍大学校長坂本俊篤　命令、本書ニ依リ海軍戦術ヲ修得スヘシ　発行年月日　明治四十年四月三十日」とあり、沿革として、「学科、基本戦術」「巻数　二冊」。記事として、「本書ハ明治三十六年ヨリ同三十九年ニ亘リ（其間日露戦役ヲ除ク）秋山教官カ第四期及第五期将校科甲種学生ニ対シ両回講述シタル処ナリ」と刊記がある。なお、緒言の日付は明治三六年四月となっており、これが講義開始の時期と見てよいであろう。

「海軍応用戦術」には明治四〇年二月第三版という謄写版の版が有ることから、「海軍基本戦術」もこれ以前にも謄写版などで発行された可能性はあるが、編者は未見である。


内容は文字通り戦術の基本となるべき艦隊の構成要素、編制、そして艦隊、戦隊の運動法について述べられている。同時に戦術に関して、いわば海軍内部に共通認識、共通言語を定める必要から、攻撃力とは、防禦力とは、といった基本語句の定義づけに多くの時間を割いていたことが窺える。


しかし、秋山自身が最も重視している点は、いかにして敵に対して有利な位置を占めるか、であり、艦隊編制などもこのために有効な規模を検討しているといえる。艦隊の運動法においては、後に日露戦争中に見られる連合艦隊の戦術運動の基本形が詳細に説明されているが、ここではあくまで概念的な説明であり、実際の戦場を想定した実戦的運動に関しては、

「乃ち是より第二編に移り、戦術の本領たる戦法に説及せんとす」

としている。

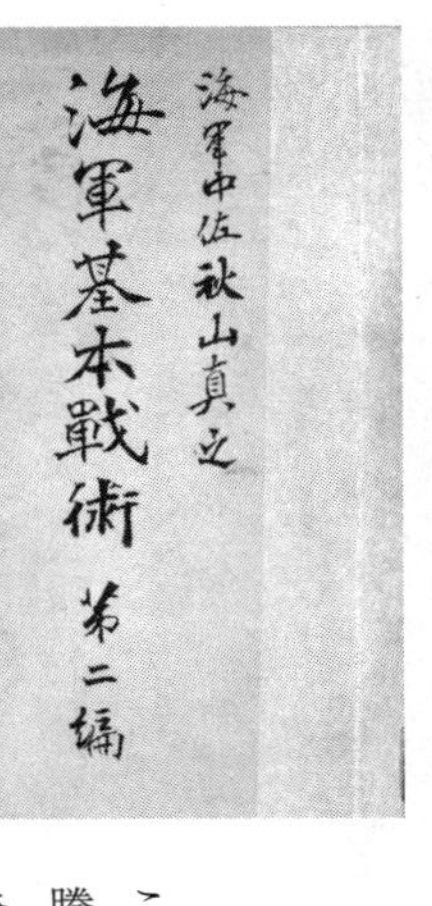

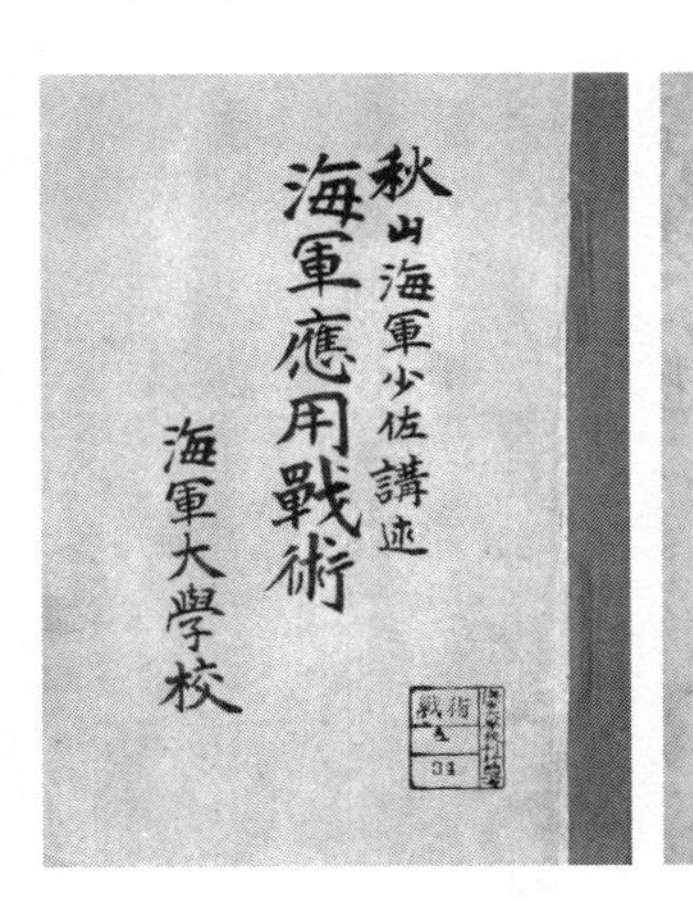

海軍基本戦術　第二編

秋山が丁字戦法、乙字戦法を講述したのが、この「海軍基本戦術第二編」である。和紙に謄写版刷り袋綴じ、刊記無く発行年は不明であるが、後出の校正刷りの例言によって明治三九年二月の日付が確認できる。天地二六・五センチ、表紙一丁、本文五一丁。

　この「海軍基本戦術第二編」は、日露戦争後の講義であるために、内容に日露戦争の日本海海戦の戦例が引かれている。また、秋山の丁字戦法は、山屋他人の案出になる円戦術より生まれたとする意見も有るが、秋山自身は、

「対敵上好位置を占めんには距離を基とすべからず、必ず隊形を本とせざるべからず。彼

の円戦術の如きは距離を基とせるが故に、彼我両軍は元より受くるところの利益均一にして偏重あることなし」

と、円戦術が砲戦に適当な間合いを取ることを重視しているのに対して、丁字戦法は彼我艦隊の戦術的対勢を重視しているのであり、丁字戦法と円戦術は全く異なるものであると強調している事が注目される。

また、秋山がこの第二編で繰り返し述べているのは、優勝劣敗の現実であり、これを定理としている。秋山は、「劣者は到底優者の敵にあらざるなり」と断定し、いかに決戦正面に於いて優勢を保ちうるかどうかが重要としている。秋山戦術は、これに基づき、いかに敵の優越部分を挫き、敵戦力の一部に対して味方の全力で戦うかを研究するものといえる。秋山はこれを実現するには、正攻法と奇策を組み合わせることが重要とし、この味方の全力を敵の一部に集中する戦術態勢を丁字戦法としている。

戦闘はこの正奇虚実の組み合わせで戦われるものであるが、

「蓋し兵術も其深奥に至れば正法の大本なるを悟得するが如く人道に於ても公明正大は其大本にして所謂策士なるもの常に成功すべきものにあらず」

と締めくくっている。

因みに、本書は一読して速記者の原稿をそのまま印刷した節があり、多数の単純な誤字誤記があるので、今回は藤田尚徳旧蔵書の訂正書き込みのある版を参考に、明らかな誤りは訂正した。

二、秋山真之講義録の異版について

秋山の講義録は、まず秋山自身によって稿本が執筆され、これに基づいて講義が行われた。このさい講義は速記者によって速記が取られ、後に秋山自身の校閲を経て、講義録として発行された。従って初期の学生は講義録を持たなかった。速記は明治一五年頃から普及し始め、当時は一種の講演筆記の出版が流行していた。このために今日秋山の口調が残され、貴重な記録となっている。

講義録は、いろいろな形式で印刷されたが、謄写版は一〇〇部程度までの印刷に使用されたようである。製作が簡易であることからよく利用されたが、印刷があまり明瞭でないことが多かった。これに対して、石版刷りは、やはり部数は少ないが明瞭な刷り上がりなので、利用されることがあった。しかし、一〇〇部を超えるような要望があった際は、活版印刷が利用された。海軍大学校では、秘密文書を印刷する場合が多く、部外の印刷業者には外注できない場合があったために、部内に印刷所を持っていたので、これらの講義録も海軍大学校で印刷製本されたものと考えられる。こういった状況であったので、再版の際に毎回新しく版を作り直した場合が多かったことと、秋山自身が推敲を加えていたために、秋山の戦術講義録にも数種の異版が確認されている。

また、実際の講義内容に関しては、さらに検討が必要であると思われるが、これらを見て気が付くことは、講義録の発行はいずれも実際の講義が行われていた時期よりもはるかに遅れていることである。つまり、講義は秋山が用意した稿本に基づいて口頭および黒板等での注記で行い、学生はこれを筆記したのである。ただし、講義録は速記によって記録されているために、教室での口調がそのまま残っていると見て差し支えない。これら異版、特に「海軍基本戦術」は今後更に調査して、秋山戦術が変化して行った様子を明らかにする必要があると考えている。

海軍基本戦術　第一編

活版印刷、天地二二・五センチ、大正元年一一月の改版の付言一ページ、緒言九ページ、目次二ページ、本文一一〇ページである。針金で綴じられ、薄い赤色の表紙が糊付けされている。表紙には、「大正二年三月第一改版、秋山海軍中佐講述、海軍基

本戦術第一編　海軍大学校」とあり、右肩に秘の注記と六二八のナンバリングによる記番が有る。表紙裏には「海軍大学校長坂本俊篤、命令、本書ニ依リ海軍戦術ヲ修得スヘシ。発行年月日明治四〇年四月三〇日」とあり、沿革として、「学科、基本戦術、巻数二冊」。記事として、「本書ハ明治三六年ヨリ同三九年ニ亘リ（其間日露戦役ヲ除ク）秋山教官カ第四期及第五期将校科甲種学生ニ対シ両回講述シタル処ナリ」と刊記がある。なお、前書きの日付は明治三六年四月となっている。

基本的には上記明治四〇年版と同じであるが、巻頭に改版の附言として、大正元年一一月付けで、秋山のコメントが付されている。秋山の考えを窺うことが出来るので、ここに採録する。

○改版の附言

本書更に改版せらるゝと聞き、茲に一言を添附す。小官が本書を講述したる明治三十五、六年の頃は、我海軍の諸事物未だ比較的稚域に属し、例へば、艦砲射撃の如きも、側方監的を有せざる三角幕的に対し、最大射距離三千米を以て射撃したる程度に在りて、現時吾人の慣用せる射撃の指揮又は弾著観測等の述語すら生出せざる時代なりし。当時の緒言に於て、近き将来に見る能はずと漫言したる、速力三十節の戦艦も又効達八千米の魚雷も、今や已に実現するに至り、今日本書を繙くときは、所説概ね陳腐に帰し、自家先見の明なかりしを慙愧すると同時に、世運進化の駿速にして、益々斯術攻究の一日も忽にす可らざるを感ぜざるを得ず。左はあれ、事物の大小長短其比を異にするも、真理は恒久不変にして、尚ほ長へに運用の玄機を掌れり。若し夫れ、銃は鎗の長きもの、砲は銃の大なるものたるを悟得せば、此の陳腐の旧書も亦温故新知の一助ともならんか

大正元年十一月於軍艦河内　　　海軍大佐　秋山真之

なお、この版は、明治四〇年版そのままの再版ではなく、やや表現に手を入れて、全く新規に活字を組みなおしている。

海軍基本戦術　第一編

わら半紙に謄写版刷り袋綴じで、刊記が無く、発行年代が不明である。天地二六・五センチ、緒言二丁、目次一丁、本文五五丁針金綴じで海図の裏を使った表紙が付され、後出の第二編と合本されている。

明治四〇年版とは全く内容の異なるもので、表題こそ同じ海軍基本戦術ではあるが、

秋山の新著作と見るべきである。内容的にも、第二章第七節は、航空機の本能として、「航空機は潜水艦と共に這回の戦争に始めて実用に供せられたるものにして、海上兵力の一部として偵察及び攻撃用に其の真価を認めらるるに至れり……」とし、艦隊と行動を共にできる高速の飛行機母艦が必要であり、「艦上よりこれを出発せしめ、成し得れば、艦上に帰着し得るの装備を必要とす……」

とあることから、第一次世界大戦直後の大正七年或いは八年ころの発行ではないかと思われる。因みにこの直後に日本海軍は水上機母艦として計画中であった鳳翔を本格的な航空母艦に計画を変更して建造することになり、世界で始めて竣工時から航空母艦として建造された航空母艦を持つに到っている。秋山の影響があったと考えることは不自然では無い。

海軍基本戦術　第二編

活版印刷、天地二二・五センチ、例言三ページ、本文巻頭一五ページのみ。

これは、志摩亥吉郎氏（兵六〇期）より頂いたコピーを所有しているのみで、原本は未見である。志摩氏より校正刷りであると聞いているが確証は無い。海軍基本戦術第二編の活字版は他で見た事が無く、或いは何らかの理由で印刷発行は中断してしまったものかもしれない。ただ、明治四〇年版の「海軍基本戦術」に、巻数二巻、つまり第一編と第二編。と有ることから活字版が存在する可能性はある。謄写版印刷版には無い例言があり、明治三九年二月の日付が有るのは重要である。なお、今回底本とした謄写版本は、充分な推敲が為されないまま印刷されたようで、極めて誤字が多く、これも活字版が遅れた理由とも考えられる。

海軍基本戦術　第二編

上記の第一次世界大戦後の版に合本されている。わら半紙、謄写版、袋綴じで、天地二六・五センチ、目次一丁、本文四九丁、付属資料三丁、ジャットランド海戦など、第一次世界大戦における海戦の検討が加えられている。

編集付記

一、二〇〇五年に中央公論新社から刊行された『秋山真之戦術論集』のなかの「海軍基本戦術」「海軍応用戦術」「海軍戦務」のうち「海軍基本戦術」を収録した。「海軍応用戦術」「海軍戦務」は別冊にまとめて収録し、二〇一九年九月に刊行する。

一、今日の人権意識または社会通念に照らして、差別的な用語・表現があるが、時代背景と原著作者が故人であることを鑑み、そのままとした。

中公文庫

海軍基本戦術（かいぐんきほんせんじゅつ）

2019年 8 月25日　初版発行

著　者　秋山真之（あきやまさねゆき）

編　者　戸髙一成（とだかかずしげ）

発行者　松田陽三

発行所　中央公論新社
〒100-8152　東京都千代田区大手町1-7-1
電話　販売 03-5299-1730　編集 03-5299-1890
URL http://www.chuko.co.jp/

DTP　平面惑星
印　刷　三晃印刷
製　本　小泉製本

©2019 Kazusige TODAKA
Published by CHUOKORON-SHINSHA, INC.
Printed in Japan　ISBN978-4-12-206764-6 C1121

定価はカバーに表示してあります。落丁本・乱丁本はお手数ですが小社販売部宛お送り下さい。送料小社負担にてお取り替えいたします。

●本書の無断複製（コピー）は著作権法上での例外を除き禁じられています。また、代行業者等に依頼してスキャンやデジタル化を行うことは、たとえ個人や家庭内の利用を目的とする場合でも著作権法違反です。

中公文庫既刊より

各書目の下段の数字はISBNコードです。978－4－12が省略してあります。

さ-72-1
肉弾 旅順実戦記
櫻井忠温
日露戦争の最大の激戦を一将校が描く実戦記。各国で翻訳され世界的ベストセラーとなった名著を百余年を経て新字新仮名で初文庫化。〈解説〉長山靖生
206220-7

い-16-5
城下の人 新編・石光真清の手記(一) 西南戦争・日清戦争
石光真清 石光真人編
明治元年に生まれ、日清・日露戦争に従軍し、満州やシベリアで諜報活動に従事した陸軍将校の手記四部作。新発見史料と共に新たな装いで復活。
206481-2

い-16-6
曠野の花 新編・石光真清の手記(二) 義和団事件
石光真清 石光真人編
明治三十二年、ロシアの進出著しい満洲に、諜報活動に従事すべく入った石光陸軍大尉。そこで出会った中国人馬賊やその日本人妻との交流を綴る。
206500-0

い-16-7
望郷の歌 新編・石光真清の手記(三) 日露戦争
石光真清 石光真人編
日露開戦。石光陸軍少佐は第二軍司令部付副官として出征。終戦後も大陸への夢醒めず、幾度かの事業失敗を経てついに海賊稼業へ。そして明治の終焉。
206527-7

い-16-8
誰のために 新編・石光真清の手記(四) ロシア革命
石光真清 石光真人編
引退していた石光元陸軍少佐は「大地の夢」さめがたく再び大陸に赴く。そしてロシア革命が勃発した。近代日本を裏側から支えた一軍人の手記、完結。
206542-0

し-31-5
海軍随筆
獅子文六
海軍兵学校や予科練などを訪れ、生徒や士官の人柄に触れ、共感をこめて歴史を繙く「海軍」秘話の数々。小説『海軍』につづく渾身の随筆集。〈解説〉川村 湊
206000-5

と-32-1
最後の帝国海軍 軍令部総長の証言
豊田副武(そえむ)
山本五十六戦死後に連合艦隊司令長官をつとめ、最後の軍令部総長として沖縄作戦を命令した海軍大将が残した手記、67年ぶりの復刊。〈解説〉戸高一成
206436-2

と-35-1
開戦と終戦 帝国海軍作戦部長の手記
富岡定俊
作戦課長として対米開戦に立ち会い、作戦部長として戦艦大和水上特攻に関わった軍人が、日本海軍の作戦立案や組織の有り様を語る。〈解説〉戸高一成
206613-7

か-80-1
兵器と戦術の世界史
金子常規
古今東西の陸上戦の勝敗を決めた「兵器と戦術」の役割と発展を、豊富な図解・注解と詳細なデータにより検証する名著を初文庫化。〈解説〉惠谷 治
205857-6

か-80-2
兵器と戦術の日本史
金子常規
古代から現代までの戦争を殺傷力・移動力・防護力の三要素に分類して捉えた兵器の戦闘力と運用する戦略・戦術の観点から豊富な図解で分析。〈解説〉惠谷治
205927-6

ミ-3-1
なぜリーダーはウソをつくのか 国際政治で使われる5つの「戦略的なウソ」
J.ミアシャイマー 奥山真司訳
ビスマルク、ヒトラー、米歴代大統領のウソとは？国際政治で使われる戦略的なウソの種類を類型化し実例から当時のリーダーたちの思惑と意図を分析。

206503-1

お-19-2
岡田啓介回顧録
岡田啓介 岡田貞寛編
日清・日露戦争に従軍し、条約派として軍縮を推進、二・二六事件で襲撃され、戦争末期に和平工作に従事した海軍高官が語る大日本帝国の興亡。〈解説〉戸高一成
206074-6

ほ-1-18
昭和史の大河を往く5 最強師団の宿命
保阪正康
屯田兵を母体とし、日露戦争から太平洋戦争まで、常に危険な地域へ派兵されてきた旭川第七師団の歴史を俯瞰し、大本営参謀本部の戦略の欠如を明らかにする。
205994-8

な-68-2
歴史と戦略
永井陽之助
クラウゼヴィッツを中心にした戦略論入門に始まり、愚行の葬列である戦史に「失敗の教訓」を探る。『現代と戦略』第二部にインタビューを加えた再編集版。
206338-9

い-61-3
戦争史大観
石原莞爾
使命感過多なナショナリストの魂と冷徹なリアリストの眼をもつ石原莞爾。真骨頂を示す軍事学論・戦争史観・思索史的自叙伝を収録。〈解説〉佐高 信
204013-7

大英帝国の歴史

上：膨張への軌跡／下：絶頂から凋落へ

ニーアル・ファーガソン 著

山本文史 訳

Niall
Ferguson

EMPIRE

How Britain Made the Modern World

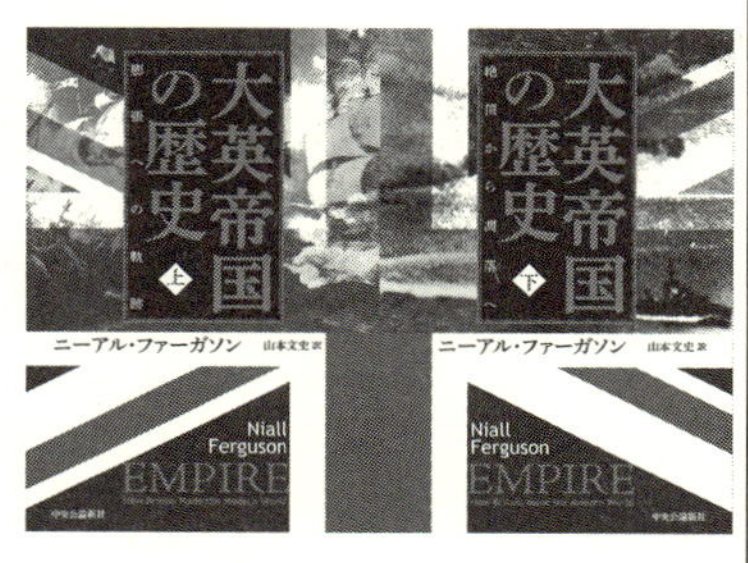

海賊・入植者・宣教師・官僚・投資家が、各々の思惑で通商・略奪・入植・布教をし、貿易と投資、海軍力によって繁栄を迎えるが、植民地統治の破綻、自由主義の高揚、二度の世界大戦を経て国力は疲弊する。グローバル化の400年を政治・軍事・経済など多角的観点から描く壮大な歴史

目　次

『文明
：西洋が覇権をとれた６つの真因』
『憎悪の世紀――なぜ20世紀は
世界的殺戮の場となったのか』
『マネーの進化史』で知られる
気鋭の歴史学者の代表作を初邦訳

四六判・単行本

情報と戦争

古代からナポレオン戦争、南北戦争、二度の世界大戦、現代まで

ジョン・キーガン 著
並木 均 訳

ネルソンの慧眼
南軍名将の叡智
ミッドウェーの真実
秘密兵器の陥穽

有史以来の情報戦の実態と無線電信発明以降の戦争の変化を分析、
諜報活動と戦闘の結果の因果関係を検証し
インテリジェンスの有効性について考察

第一章　敵に関する知識
第二章　ナポレオン追跡戦
第三章　局地情報：シェナンドア渓谷の「石壁」ジャクソン
第四章　無線情報
第五章　クレタ：役立たなかった事前情報
第六章　ミッドウェー：インテリジェンスの完勝か
第七章　インテリジェンスは勝因の一つにすぎず：大西洋の戦い
第八章　ヒューマン・インテリジェンスと秘密兵器
終　章　一九四五年以降の軍事インテリジェンス
結　び　軍事インテリジェンスの価値

単行本

好評既刊

戦略の歴史 上下

遠藤利國 訳

中公文庫

先史時代から現代まで、人類の戦争における武器と戦術の変遷と、戦闘集団が所属する文化との相関関係を分析。異色の軍事史家による戦争の世界史

海戦の世界史

技術・資源・地政学からみる戦争と戦略

ジェレミー・ブラック 著

矢吹 啓 訳

Naval Warfare: A Global History since 1860 by Jeremy Black

甲鉄艦から大艦巨砲時代を経て水雷・魚雷、潜水艦、空母、ミサイル、ドローンの登場へ。技術革新により変貌する戦略と戦術、地政学と資源の制約を受ける各国の選択を最新研究に基づいて分析する海軍史入門

四六判・単行本